数学与统计学学术研究丛书

几类生物数学模型中的分岔研究

孔 磊 著

西南交通大学出版社
·成 都·

图书在版编目（CIP）数据

几类生物数学模型中的分岔研究 / 孔磊著. -- 成都：西南交通大学出版社，2025.4. -- ISBN 978-7-5774-0422-6

Ⅰ. Q-332

中国国家版本馆 CIP 数据核字第 2025BP5836 号

Jilei Shengwu Shuxue Moxingzhong de Fencha Yanjiu
几类生物数学模型中的分岔研究

孔 磊 著

策 划 编 辑	李芳芳　李华宇　卢韵玥
责 任 编 辑	何明飞
助 理 编 辑	卢韵玥
责 任 校 对	左凌涛
封 面 设 计	墨创文化
出 版 发 行	西南交通大学出版社 （四川省成都市金牛区二环路北一段 111 号 　西南交通大学创新大厦 21 楼）
营销部电话	028-87600564　028-87600533
邮 政 编 码	610031
网　　　址	https://www.xnjdcbs.com
印　　　刷	成都勤德印务有限公司
成 品 尺 寸	170 mm × 230 mm
印　　　张	12.25
字　　　数	181 千
版　　　次	2025 年 4 月第 1 版
印　　　次	2025 年 4 月第 1 次
书　　　号	ISBN 978-7-5774-0422-6
定　　　价	62.00 元

图书如有印装质量问题　本社负责退换
版权所有　盗版必究　举报电话：028-87600562

前 言

PREFACE

  通过对生物数学系统的研究可以揭示自然界中复杂生态现象发生的本质,并以此来指导人类对生态系统进行合理的保护与开发,因此对生物数学系统的动力学性态进行研究具有很好的现实指导意义。本书主要利用微分方程的定性理论、分岔理论、中心流形定理、谱理论、扰动理论以及规范型理论,对几类生物数学系统的动力学行为进行了比较完整的分析。

  众所周知,收割对生态系统的稳定性具有重要的影响,本书在第 3 章中讨论了一类带有 Michaelis-Menten 型被捕食者收割项的 Leslie-Gower 捕食者与被捕食者系统。在已有文献的基础上重点探究了系统在其唯一内部平衡点附近的高余维分岔现象,发现在适当的参数条件下系统的唯一内部平衡点可以是余维一的鞍-结点、余维二和余维三的 Bogdanov-Takens 型尖点,并利用解析的方法证明了系统发生了余维二和余维三的 Bogdanov-Takens 分岔。为了探究当在同一生物系统中利用相同的收割方式对不同种群进行收割时,系统的动力学性态所发生的变化,接着在第 4 章中考虑了一类对捕食者进行 Michaelis-Menten 型收割的 Leslie-Gower 捕食者与被捕食者系统。结果表明此时系统具有更加丰富的动力学性态,系统的平衡点可以是拓扑鞍点、结点、焦点或中心、余维一的鞍-结点、余维二的非双曲结点、余维二和余维三的尖点等。系统也发生了复杂的分岔现象,如鞍-结分岔、跨临界分岔、音叉分岔、Hopf 分岔、同宿轨分岔、余维二或余维三的 Bogdanov-Takens 分岔等。通过适当的数值模拟,对这些复杂的分岔现象给出了合理的生物学解释,为人们合理地进行生态保护、开发提供了科学的依据。

  为了研究带有耗散项的反应-扩散系统的时空动力学性态,在第 5 章中分析了一类具有一般性的 Brusselator 反应-扩散系统的余维二 Turing-Hopf 分岔。首先利用拉普拉斯算子的谱理论将偏微分方程转化成了由可数个对偶微分方程组成的系统，通过求解系统在一致稳态解处的线性化矩阵的特征值，得到了系统在常数稳态解附近出现 Turing 不稳定性和余维二 Turing-Hopf 分岔的横截性条件，然后通过中心流形定理分析了其扰动系统在中心流形上的规范型，证明了系统在适当的参数条件下将会发生余维二的 Turing-Hopf 分岔。最后针对一个具体的例子对伴随其发生余维二 Turing-Hopf 分岔所出现的 6 种复杂动力学行为进行了数值模拟以验证理论结果的有效性。在第 6 章中研究了具有被捕食者趋向性的一般反应-扩散捕食者与被捕食者系统在齐次 Neumann 边界条件下的稳态解的分岔。首先，通过分析特征方程研究了唯一正平衡点的局部稳定性，并使用迭代方法给出了任一正解的先验估计。然后，选择被捕食者趋向性系数作为分岔参数，证明了当趋向性为排斥性时，可以从唯一正平衡点分岔出一支非常数解。此外，通过谱理论给出了分岔解的稳定性条件。结果表明，被捕食者趋向性可以使一致平衡点失稳进而导致空间模式的出现。

由于作者水平有限，书中难免存在疏漏不妥之处，敬请读者批评指正。

作　者

2024 年 11 月

目 录

CONTENTS

1 绪 论 ·· 001
    1.1 研究的背景及意义 ·· 003
    1.2 研究现状 ··· 006
    1.3 本书的符号及其含义 ·· 018

2 生物系统分岔研究的预备知识 ·· 019
    2.1 动力系统基础 ·· 020
    2.2 平面系统平衡点的分类 ·· 024
    2.3 分岔理论 ·· 030

3 一类带有非线性被捕食者收割项生物系统的分岔研究 ·············· 043
    3.1 非双曲平衡点的定性研究 ·· 045
    3.2 余维二分岔 ·· 051
    3.3 余维三分岔 ·· 061
    3.4 本章小结 ·· 075

4 一类对捕食者进行非线性收割的生物系统的分岔研究 ·············· 077
    4.1 平衡点的存在性 ··· 079
    4.2 平衡点的定性分析 ··· 085
    4.3 分岔分析 ·· 099
    4.4 数值模拟 ·· 108
    4.5 本章小结 ·· 113

5 一般性 Brusselator 系统的余维二 Turing-Hopf 分岔 ………… 115
    5.1 唯一内部平衡点的定性分析 ………………………… 117
    5.2 Turing-Hopf 分岔在中心流形上的规范型 ……………… 123
    5.3 特例及数值模拟 …………………………………… 137
    5.4 本章小结 …………………………………………… 143

6 带有被捕食者趋向性的捕食者与被捕食者模型的全局分岔 … 145
    6.1 唯一内部平衡点的定性分析 ………………………… 147
    6.2 全局稳态分岔 ……………………………………… 149
    6.3 分岔分支的线性稳定性 ……………………………… 160
    6.4 本章小结 …………………………………………… 165

7 总结与展望 ……………………………………………… 167

参考文献 …………………………………………………… 173

绪 论

SARS（严重急性呼吸综合征，又被称为非典型性肺炎）于 2002 年出现，并迅速扩散。由于它是一种前所未知的病原体，当时人们并不了解它的传播机制，也没有合适的治疗药物和预防疫苗，给人们在心理上造成了极大的恐慌。当时西安交通大学的马知恩教授领导的 SARS 研究攻关小组，通过建立数学模型、确定模型参数和利用计算机进行模拟等，对 SARS 在我国的流行趋势和控制策略进行了研究，并对各种隔离情况做了具体的分析。于 2003 年 5 月 21 日发布了研究结果，预测北京市将于 6 月下旬解除警戒，且预测全国感染者约为 5 400 人。最终其预测结果与实际情况吻合良好，这极大地缓解了人们的焦虑情绪，坚定了人们战胜病毒的信心，对预防控制 SARS 在全国的蔓延起到了积极的指导意义。这一研究成果充分展示了生物数学在实际应用中的重要性。

生物数学作为一门交叉学科，主要是通过数学方法来研究和解决生物学中的一些问题，再利用数学研究所得到的结果对生物学中的现象给出合理的解释，帮助人们更好地理解自然界中复杂的生态现象，以便指导人们的实际生产生活。生物数学所遵循的一般研究方法是：首先对被研究的生物现象或有关实验进行观察分析，之后利用各变量之间的关系构造出一个适当的数学模型，最后就是利用数学工具对得到的生物数学模型进行定性研究，并将研究得到的理论结果与实验结果进行比较以检验理论结果的有效性。

通常这些数学模型可以用常微分方程、偏微分方程、泛函微分方程等进行刻画。而在研究数学模型的过程中主要应用到的数学工具有：微分方程、控制论、微积分、线性代数、概率论和数理统计、矩阵论、拓扑学和突变理论等。可以说现代数学方法几乎渗透到了生物学的每个角落。由于生物数学本身所具有的独特的现实指导意义，生物数学作为兴起于 20 世纪的一门新学科，得到了很多学者的广泛关注和蓬勃的发展。因此有人曾预言"生物学将会取代物理学成为使用数学工具最多的领域，21 世纪可能是生物数学的黄金时代"。

1.1 研究的背景及意义

作为生物数学中的一个十分重要的方向,种群动力学是利用动力学理论来研究生态系统中不同种群之间或不同种群与环境之间的相互作用关系的。在 20 世纪 20 年代中期,Alfred James Lotka 和 Vito Volterra 第一次提出了如下关于两种群相互作用的 Lotka-Volterra 模型[72, 114]:

$$\begin{cases} \dot{x} = x(a_1 + b_1 x + c_1 y) \\ \dot{y} = y(a_2 + b_2 x + c_2 y) \end{cases}$$

式中,$x(t)$,$y(t)$ 分别表示两种不同的生物种群在 t 时刻的种群密度;$a_1 \geqslant 0$,a_2 分别是各自的内禀增长率;$b_1 \leqslant 0$,$c_2 \leqslant 0$ 表示各自种群内部的密度制约因素即种群内部之间的竞争;而 c_1,b_2 则反映了两种种群之间的相互关系。

至于参数 a_2,c_1,b_2 的正负性则取决于这两种生物种群之间的相互关系,比如,① 当种群 y 以种群 x 以外的自然资源为食物且二者之间是相互竞争的关系时,则 $a_2 \geqslant 0$,$c_1 \leqslant 0$,$b_2 \leqslant 0$;② 当种群 y 以种群 x 以外的自然资源为食物且二者之间是互利共生的关系即彼此的存在都对对方的生存有帮助时,则 $a_2 \geqslant 0$,$c_1 \geqslant 0$,$b_2 \geqslant 0$;③ 而当种群 y 仅以种群 x 为食物即二者之间是捕食者与被捕食者的关系时,则 $a_2 \leqslant 0$,$c_1 \leqslant 0$,$b_2 \geqslant 0$。

从此以后,种群动力学的研究便得到了快速的发展。特别是在 20 世纪 40 年代末由于计算机的发明应用,生物数学进入了一个新的发展时期。由于生命现象的复杂性和多样性,给生物数学的研究带来了大量的复杂运算,计算机在生物数学里的应用使得一些复杂的生物数学计算问题变得简单,因此计算机已经慢慢成为生物数学发展的基础之一。正是基于计算机在生物数学上的应用,许多生物数学的分支,如生物控制论、数量分类学和生物信息论等相继产生,并得到了快速的发展。到了 20 世纪 70 年代随着计算机的飞速发展和普及,生物数学得到了更快的发展,尤其是对种群动力学的研究更是得到了快速的发展。从古典的初等数学到近代数学,再从抽象数学到应用数学,生物数学已经把数学学科的绝大部分内容置于自己的基础之中，具有了比较完整的数学基础。特别是 20 世纪 70 年代中期，微分方程以及动力系统的新理论和新方法被大量的应用于种群生态学、种群遗传学、神经生物学、流行病学、生理学及环境污染等问题的研究中。

近年来，捕食者与被捕食者模型（predator-prey model）作为研究种群数量关系的一个重要模型，已经得到了人们广泛持久的关注。为了更好地研究种群数量间的动力学性态，根据种群间的相互作用机制人们先后提出了很多不同的功能反应函数，根据这些不同的功能反应函数得到了很多经典的捕食者与被捕食者模型[48, 70, 78, 90, 92, 116, 117]。通过对这些经典模型的动力学行为进行分析，为人们理解生态系统中的一些复杂现象提供了理论基础和科学支撑。从而使人们对很多复杂的生态现象有了一个更加直观清晰的认识和理解，这不仅有利于推动生态学的向前发展，而且对促进人类社会的发展也有着十分重要的作用。

随着人类生产活动的不断进行，人们对自然资源的需求正与日俱增。如何在不破坏生态系统平衡的前提下最大限度地满足人们对自然资源的渴求，便成了人们越发关心的一个课题。因此在捕食者与被捕食者的种群模型中引入收割项，便具有了重要的现实意义。事实上，对生物种群进行收割一直广泛存在于渔业、林业和野生动物资源管理[18, 19]等行业中。在生态系统中，由于收割的引入将会使得生态系统的动力学性态变得更加复杂和丰富，因此关于收割对生态系统的影响以及收割在资源管理中所起到的作用得到了越来越多学者的深入研究。

在实际应用中，根据收割方式的不同一般可以分为常值收割、比例收割和非线性收割（即 Michaelis-Menten 型收割）等。下面将给出以上 3 种常用收割类型的生物学意义，而关于它们的具体数学形式将会在下节中进行详细的介绍。根据 May 等人[88]给出的常值收割与比例收割的概念，所谓的常值收割又叫作常值产出收割（constant-yield harvesting），即对种群生物的收割量不依赖于被收割种群生物的数量；而比例收割又叫作常值努力量收割（constant-effort harvesting），即对种群生物的收割量与被收割种群生物的数量和人类的努力程度均呈正比例关系。所谓的努力量是指在实际的生产活动中为收割种群生物人类单位时间内所能投入的人力和物力的能力。显然，无论是从生物学的角度来讲还是从经济学的角度来讲，常值收割与比例收割都存在着些许的不足之处。比如，就前者而言，当被收割的种群数量很少且低于收割常数时，如果还是按照常值进行收割的话就会很容易造成生物种群的灭绝；同样对于后者来说，当人类的主观能动性很大时也极易造成生物种群的灭绝，从而导致生态系统的崩溃。

为了克服对种群数量进行常值收割和比例收割所带来的局限性，1979年Clark[17]提出了一种非线性收割，即Michaelis-Menten型收割，它与当前被收割生物种群数量和人为的努力量间是一种满足Holling II型的函数关系，这表明非线性收割对当前生物种群的数量和人为的努力量均具有一定的饱和作用。这不难看出非线性收割更加符合实际情况。所以本书的第3章和第4章将分别重点研究带有Michaelis-Menten型被捕食者收割项和带有Michaelis-Menten型捕食者收割项的捕食者与被捕食者模型。

揭示生命世界中存在的模式和形式机制一直是理论生物学中最基本的课题之一。1952年，Turing在他的开创性文章[109]中提出，由耦合的反应-扩散方程构成的系统可以用来生解释态系统中存在的某种模式和形式机制。Turing的理论表明耗散的存在可以导致失稳现象或非一致的空间模式的发生。从微分方程定性理论的角度来说，反应系统（没有耗散项）的稳定解在加入耗散项后可能变成不稳定的解。这就是著名的Turing不稳定或称作耗散导致的不稳定。人们发现Turing不稳定不但广泛存在于生物学和化学领域，而且也大量存在于经济学、半导体物理学以及恒星形成等领域[34]。

然而，在实际的生态或化学系统中对Turing模式的研究却是异常的困难。直到40年后才由Kepper等人[65]在研究氯碘丙二酸（CIMA）反应动力学模型时，第一次用实验论证了Turing模式的存在性。自此之后，Turing模式得到了越来越多学者的关注，而且相关理论知识也得到了极大的发展和丰富。特别是在生物学和化学领域，已有很多被抽象成由耦合反应-扩散方程构成的Turing型模型[63, 75, 76, 98, 101, 104]得到了深入的研究。其中，1968年Prigogine和

Lefever[93]建立了一个用来描述自催化的化学振荡反应过程的模型，通过对变量进行一些无纲化的伸缩变化之后就到了经典的 Brusselator 反应-扩散数学模型。因此本书的第 5 章将会重点研究一类带有一般性的 Brusselator 反应-扩散模型。

事实上，自然界中很多生态系统的动力学性态常常会出于某种原因而发生剧烈的变化，为了解释和预测这种剧烈变化对生态系统带来的影响，这就需要对生态系统里的分岔现象进行深入的探究。从动力系统的观点来说，分岔是指对于依赖于参数的非线性微分方程，当方程中的某个或某些参数连续变化到某一临界值时，方程的全局性性态（包括定性性质或拓扑性质等）将会发生根本性变化的一种现象。通常将系统发生分岔现象时参数的临界值称为分岔值。人们一般将由常微分方程引发的分岔现象分为局部分岔和非局部分岔。其中局部分岔是指在退化平衡点或闭轨附近的某个邻域内向量场轨线的拓扑结构发生了根本性的变化，比如鞍-结分岔、音叉分岔以及 Hopf 分岔等；而非局部分岔则是指由于在平衡点或闭轨的稳定流形与不稳定流形上缺失了某种横截性，当参数发生微小的连续性变化时向量场轨线的拓扑结构发生了根本性的变化，如同宿轨分岔和异宿轨分岔等。

需要说明的是，分岔现象是非线性问题中所特有的并与其他非线性现象密切相关的一种现象，如混沌、突变、分形等，而且分岔现象的出现也是造成非线性系统出现结构不稳定的重要原因之一，所以分岔研究在非线性科学中有着极其重要的地位。其实无论是生物种群系统中的种群数量的激增或灭绝现象，还是化学反应系统中的震荡现象，在某种意义下来说这些无不可以看作非线性动力系统中的一种分岔现象。因此本书将着重研究前面所提到的几类生物数学模型的分岔现象，尤其是高余维的分岔现象。

1.2 研究现状

正是由于生物数学对实际的生产生活具有很好的指导意义，所以近些年来已有很多学者结合动力系统等相关数学知识，对生态系统的动力学性态做了很多很好的分析和研究。下面将重点对近期国内外学者在研究带收割项的捕食者与被捕食者模型，和带有一般性的 Brusselator 反应-扩散化学模型方面取得的进展做一些更加详细的介绍。

1.2.1 带收割项的捕食者与被捕食者模型

在生态系统中根据不同生物种群对自然资源的需求关系，可以将种群间的相互关系大致分为以下几类：第一类是竞争关系[7-9, 115, 130]，如水稻与稗草之间对阳光、水分以及无机盐的争夺，牛和羊之间对食物和生存空间的争夺；第二类是互惠关系[82]，如豆科植物与根瘤菌之间，根瘤菌将空气中的氮转化为植物所能吸收的含氮物质帮助植物更好地生长，而植物可以为根瘤菌生存提供有机物以便根瘤菌存活；第三类是捕食者与被捕食者关系[4, 36, 118, 120]，如猫和老鼠、狼和羊以及羊和草等一方以捕食另一方为生。事实上，在自然界里捕食与被捕食行为是一种十分常见的现象。捕食者与被捕食者模型作为生态系统中一类重要的模型，通常可以由两个一阶微分方程组成的动力系统来刻画生态系统内种群数量的动态变化。通过对捕食者与被捕食者模型的动力学性态的研究，不仅可以推测随着时间的推移生物种群会不会趋于灭绝、生态系统中是否存在有一个或多个平衡状态，还可以指导人类如何对生态系统实施人工干预，从而对生物种群进行适当的保护、开发和利用等。因此，系统的动力学性态不但可以用来分析种群间的关系、揭示种群间相互作用的内在规律，还可以预测种群间是否可以共生，为人们管理自然资源提供科学的依据。

众所周知，在建立捕食者与被捕食者种群间的生物数学模型的过程中，不但要考虑种群自身的出生情况、死亡情况以及各自种群内的相互作用关系，更关键的是要考虑种群间的相互作用机制，即所谓的功能反应函数。种群间的功能反应函数在生物系统的研究过程中扮演着十分重要的角色。根据功能反应函数类型的不同，人们提出了许多不同的捕食者与被捕食者模型，如 Holling I-IV 模型[52, 53, 57, 69, 102, 103, 124]、ratio-dependent 模型[6, 70, 121, 125, 126]、Beddington-DeAngelis 模型[26]、Holling-Tanner 模型[37, 78, 85]、Ivlev 模型[60, 66]、

Leslie-Gower 模型[3, 22, 62]以及修正的 Leslie-Gower 和 Holling II模型[4, 91]等。

Leslie-Gower 模型作为一类重要的捕食者与被捕食者模型，可以看成是 Lotka-Volterra 模型的一种改进。它是一个由二维的自治常微分方程组构成的系统，其中，被捕食者的出生率为逻辑增长，并且捕食者与被捕食者之间的相互作用机制是 Holling I型的功能反应函数，由于捕食者完全以被捕食者为食饵，因此假设捕食者的环境承载量与被捕食者的丰富度成正比。基于以上假设，Pielou 于 1977 年在文献[92]中提出了著名的 Leslie-Gower 模型，如式（1.1）所示：

$$\begin{cases} \dot{x} = x\left(r - \dfrac{rx}{K} - ay\right) \\ \dot{y} = sy\left(1 - \dfrac{y}{nx}\right), & \text{若 } (x,y) \neq (0,0) \\ \dot{y} = 0, & \text{若 } (x,y) = (0,0) \end{cases} \quad (1.1)$$

式中，$x(t)$, $y(t)$ 分别表示被捕食者与捕食者在时间 t 时刻的种群密度，其他的参数均取正数。其中，r 代表被捕食者的内禀增长率；K 为在没有捕食的情况下环境对被捕食者的承载量；s 和 a 分别表示捕食者的内禀增长率和单位数量捕食者捕食食饵的最大捕食率；n 可以看作被捕食者为捕食者所提供的食物质量的一个量度；nx 表示捕食者的依赖于被捕食者数量的环境承载量。

许多学者对系统（1.1）已经进行了深入的研究，并得到了丰富的结果[56, 77, 81, 92]。在文献[92]中，Pielou 首次利用数值的方法研究了系统（1.1）内部平衡点的局部稳定性；之后，Lindstrom[81]讨论了系统（1.1）中极限环的存在性和多重极限环的存在性；接着，Hsu 和 Huang 在文献[56]中证明了当系统（1.1）的初值条件在第一象限时系统（1.1）的所有解都是有界正解，并且利用 Liapunov 函数和 LaSalle's 不变原理证明了唯一内部平衡点的全局渐进稳定性；文献[77]中的结果表明除了边界平衡点外系统（1.1）还存在着唯一一个具有全局渐进稳定性的内部平衡点，他们还指出，如果食物的质量良好即当 $n \to +\infty$ 时，只需要少量的被捕食者，捕食者即可生存下来，而如果食物的

质量很差即当 n 很小时，则只有很少量的被捕食者生存下来。至于带有 Allee 效应的 Leslie-Gower 模型，文献[38]分别讨论了系统（1.1）在强 Allee 效应和弱 Allee 效应下的平衡点存在性和分岔现象，结果表明带有 Allee 效应的系统动力学性态要比原系统的复杂且丰富。关于系统（1.1）在带有时滞项、反应-耗散项或被捕食者避难项时的动力学行为也已有很多学者进行了讨论，具体可以参考文献[29, 49, 50]。

出于生活所需或商业目的获得经济效益，人们往往会对捕食者与被捕食者系统的生物种群进行收割，因此为了研究这种人为干预对生物种群系统造成的影响，就需要在所研究的生物模型中引入收割项。在研究可再生资源的生物模型中引入收割项最早可见于 Clark 的文章[18, 19]。关于收割对捕食者与被捕食者系统动力学性态的影响和收割在资源管理中所起到的作用，已经得到了人们的极大关注[10, 73, 79, 80, 119, 122]。

1979 年，Brauer 和 Soudack 在文献[10]中研究了由一对非线性常微分方程组刻画的对被捕食者进行常数收割的捕食者与被捕食者模型，并用类似的方法分析了对捕食者进行常数收割的捕食者与被捕食者模型，他们的结论首次表明添加常值收割项将会缩小系统的稳定性范围，收割将会导致系统变得更加不稳定。而 Xiao 等人[119, 122, 123]则着重分析了添加常数收割项后系统的分岔行为，随着参数取值的变化，系统会出现 Hopf 分岔、鞍-结分岔、同宿轨分岔、异宿轨分岔以及余维二 Bogdanove-Takens 分岔等分岔现象。这些结果表明收割将会导致系统出现复杂的分岔现象，而这些分岔现象的出现则预示着系统结构发生了剧烈的变化，也就意味着对生物种群的不当收割可能会导致相应生物种群的灭绝，甚至诱发生态系统的崩溃，给生态环境带来无法修复性的破坏。总之，收割将会对系统的动力学性态产生很大的影响，系统将会表现出比未添加收割项时更加丰富的动力学性态。因此研究带有收割项的捕食者与被捕食者模型对人们合理开采野生自然资源有着十分重要的指导意义。

事实上，已有很多学者研究了以下带有收割项的 Leslie-Gower 捕食者与被捕食者模型，如式（1.2）所示：

$$\begin{cases} \dot{x} = x\left(r - \dfrac{rx}{K} - ay\right) - h(x) \\ \dot{y} = sy\left(1 - \dfrac{y}{nx}\right), \quad 若\ (x,y) \neq (0,0) \\ \dot{y} = 0, \quad 若\ (x,y) = (0,0) \end{cases} \quad （1.2）$$

其中，$h(x)$ 表示对被捕食者进行收割的机制。

在通常意义下，对种群的收割机制一般采用的都是前面所提到的三种机制之一。下面将详细介绍关于系统（1.2）的研究进展。

（1）常值收割即 $h(x) = h$ 时：在 2010 年，Zhu 和 Lan 在文献[129]中首先讨论了系统在各个平衡点附近的相图，并根据各个平衡点的动力学性态对平衡点的类型进行了分类，对系统的分岔现象进行了分析，他们的结果表明在适当的参数条件下，在系统（1.2）的边界平衡点和内部平衡点附近均会发生鞍-结分岔，而在内部平衡点附近还会发生超临界和亚临界的 Hopf 分岔。接着，在 2014 年，Gong 和 Huang 在文献[51]中对系统（1.2）在内部平衡点附近的余维二 Bogdanove-Takens 分岔进行了分析，表明系统（1.2）将会出现鞍-结分岔、Hopf 分岔和同宿轨分岔以及余维二的 Bogdanove-Takens 分岔。

（2）比例收割，即 $h(x) = qEx$ 时（其中 q 为被捕食者的可收割系数；E 表示人们用于收割的努力量；被捕食者的出生率与其可收割系数的比 r/q 又被称为被捕食者种群的生物生产率），容易看出此时系统（1.2）与系统（1.1）没有什么区别，所以其动力学行为也没有很大的差别。

（3）Michaelis-Menten 型收割，即 $h(x) = qEx/(m_1 E + m_2 x)$ 时（其中 q, E 的生物意义与（2）中相同，m_1, m_2 均为适当的正常数）。2012 年，Gupta 等人[45]讨论了系统（1.2）平衡点的存在性以及各个平衡点的动力学性态。同时文献[45]也对系统的余维一分岔现象进行了讨论，他们的结果表明在适当的参数条件下系统（1.2）将会出现余维一的鞍-结分岔和 Hopf 分岔。

通过简单的计算，从 Michaelis-Menten 型收割的数学表达式中不难发现：

$$\lim_{x \to \infty} h(x) = qE/m_2, \quad \lim_{E \to \infty} h(x) = qx/m_1$$

因此，当被收割的生物种群数量足够大时收割并不会趋于任意大，而且当人们用于收割的努力量足够大时收割也不会趋于任意大，这意味着非线性收割对种群数量和个体的努力程度都有一定的饱和作用。因此无论是从经济学的观点还是从生物学的观点来看，相比于常值收割和比例收割，非线性收割更加符合实际情况。关于 Michaelis-Menten 型收割更加详细的描述可以参看文献[16, 33, 46, 47, 67]。

需要指出的是 Gupta 等人在文献[45]中并未对系统（1.2）的分岔行为做进一步的分析，因此本书第 3 章将会在文献[45]的基础上，利用分岔理论和正规型理论进一步讨论系统（1.2）在非线性收割下的高余维分岔现象，即余维二和余维三的 Bogdanove-Takens 分岔。本书的研究可以看成是对系统（1.2）的研究成果的进一步补充和完善，本书的结论也再次表明收割项的添加将会使得系统的动力学性态变得更加复杂和丰富。

众所周知，越是处于食物链顶端的生物种群越是具有更大的实用价值和经济价值。因此，类似于系统（1.2），本书自然也想要讨论如下对捕食者进行收割的 Leslie-Gower 模型，如式（1.3）所示：

$$\begin{cases} \dot{x} = x\left(r - \dfrac{rx}{K} - ay\right) \\ \dot{y} = sy\left(1 - \dfrac{y}{nx}\right) - h(y), & 若\ (x,y) \neq (0,0) \\ \dot{y} = 0, & 若\ (x,y) = (0,0) \end{cases} \quad (1.3)$$

其中，各参数的生物意义与系统（1.2）中的一样，此处不再进行详细的介绍。

关于系统（1.3）的动力学行为已经得到了一些成果。

（1）当 $h(y) = h$ 时：Huang 等人[54]在 2013 年讨论了系统（1.3）内部平衡点附近的相图以及各种分岔现象，重点分析了退化的 Hopf 分岔和余维二的 Bogdanove-Takens 分岔，他们还证明了系统（1.3）存在一个临界的收割值，当收割值高于临界值时对于任意容许的初始种群密度，捕食者都会趋于灭绝。这些结果说明系统（1.3）的动力学性态对收割和种群的初始密度具有很强的敏感性。接着，Huang 等人[55]又对系统（1.3）中存在的分岔现象进行了进一步的分析，证明了在适当的条件下系统（1.3）将会出现余维三的 Bogdanove-Takens 分岔。

（2）当 $h(y) = qEy$ 时：容易看出此时系统（1.3）与系统（1.1）并没有什么大的区别，因此在这种情形下系统（1.3）的动力学性态可以参看系统（1.1）。

（3）当 $h(y) = qEy/(m_1E + m_2y)$ 时：目前为止对系统系统（1.3）的研究还很少。因此本书第 4 章将会重点讨论系统系统（1.3）在非线性收割下的动力学性态，并着重分析系统（1.3）在此种收割情形下出现的高余维分岔现象。

1.2.2 一般性的 Brusselator 反应-扩散模型

在现实生活中，很多生态系统的演化不仅依赖于时间，而且往往还与很多独立变量有关，如位置和年龄等。为了更加准确地利用数学模型研究这些变量对系统的影响，就需要将这些相关性体现在相应的数学模型中，为此人们通常会在反应系统中引入空间变量即添加耗散项。事实上，各种耗散现象广泛存在于物理、化学、生物、环境科学和社会过程中[35, 44, 106]。自从 Turing 在 1952 年发表了他的开创性文章[109]，关于带有线性耗散项的反应-扩散系统的时空动力学性态已经得到了众多学者的关注并得到了很多优秀的成果[86, 111, 127]。显然，由于物质之间广泛存在着彼此间的局部转化以及自身的空间运动，反应-扩散现象会天然地存在于化学反应和化学工程中。

因此本书的第 5 章将会讨论从一个著名的化学反应震荡现象中抽象出来的带有一般性的 Brusselator 模型，如式（1.4）所示：

$$\begin{cases} \dfrac{\partial u}{\partial t} = d_1 \Delta u + a - (1+b)u + f(u)v, & x \in \Omega, t > 0 \\ \dfrac{\partial v}{\partial t} = d_2 \Delta v + bu - f(u)v, & x \in \Omega, t > 0 \end{cases} \quad (1.4)$$

其中，$\Omega \subset \mathbb{R}^n$（$n \geqslant 1$）为有界区域；$\Delta$ 表示拉普拉斯算子作用；未知函数 $u(x,t), v(x,t)$ 分别代表两种中间物质在 t 时刻处于空间 x 位置时的浓度；$d_1, d_2 > 0$ 表示两种物质的耗散系数或称为耗散率，而非负参数 a, b 则用来表示其他物质成分的固定浓度。针对系统（1.4）中 $f(u)$ 的各种形式，已有很多学者利用解析的方法或数值的方法进行了深入的研究[5, 11, 41, 64, 68, 96]。

当 $f(u) = cu^2$ 时，其中 $c > 0$ 为适当的与反应物浓度相关的参数，此时系统（1.4）就是著名的标准的 Brusselator 模型。它最早是由 Prigogine 和 Lefever[93] 在 1968 年为了研究耗散系统中蕴含的对称破缺不稳定性理论而建立的。它实际上描述的是一个存在于化学工程中的自催化的化学振荡反应过程：

$$A \longrightarrow X, B + X \longrightarrow Y + D, 2X + Y \longrightarrow 3X, X \longrightarrow E.$$

整个反应过程实际上是 $A + B \longrightarrow D + E$，它描述了一个由反应物 A, B 经过化学反应产出生成物 D, E 的简单过程，以上各字母均代表一种化学物质。由以上 4 步反应过程经过数学抽象化后即可以得到系统（1.4）。Brown 等人[11]首先利用 Crandall 和 Rabinowitz[23]关于抽象方程的局部分岔理论，证明了系统（1.4）在齐次 Neumann 边界条件下，可以从边界常数稳态解处分岔处一条由非常数正稳态解组成的解曲线，再通过 Rabinowitz[100]的全局分岔理论讨论了系统（1.4）的全局分岔，并得到了非平凡解的全局有界连续统的存在性；之后，Peng 和 Wang 在文献[96]中分析了系统（1.4）在 $\Omega \subset \mathbb{R}^n$（$n \geqslant 1$）为有界光滑区域和齐次 Neumann 边界条件下的唯一常数稳态解的渐进稳定性，以及非常数正稳态解的存在性；接着，You 在文献[128]中利用一种新的分解方法证明了耦合反应-扩散方程的渐进紧性，并以此论证了在 $\Omega \subset \mathbb{R}^n$（$n \leqslant 3$）为局部 Lipschitz 有界光滑区域和 Dirichlet 齐次边界条件下，系统（1.4）存在一个半流解的全局吸引子；Li 和 Wang[74]讨论了反应方程的 Hopf 分岔和扩散方程在 $\Omega \subset \mathbb{R}^n$（$n \geqslant 1$）为边界光滑的有界区域和齐次 Neumann 边界条件下的 Hopf 分岔，并利用正规型理论和中心流形定理得到了周期解的稳定性，他们的结果表明在适当的参数条件下反应方程中可能并未出现 Hopf 分岔现象，但耗散方程中却会出现 Hopf 分岔现象，这意味着耗散将会导致系统的稳定性发生改变。

当 $f(u) = cu^p$ 时，其中 $p > 0$，c 的实际意义同上，此时系统（1.4）是一个具有一般性的 Brusselator 模型。在光滑有界区域 Ω 的维数没有任何限制的情形下，Ghergu 在文献[43]中对系统（1.4）在齐次 Neumann 边界条件下的正解进行了先验估计，并得到了一些依赖于参数选取的非常数正稳态解的存在性条件和不存在性条件。在类似于文献[43]中的边界条件下，Peng 等人[97]利用隐函数定理和拓扑阶理论推导出了系统（1.4）非常数正稳态解的存在与否完全取决于参数 a 的取值的结论。具体来说，当 a 的取值很大时系统（1.4）中不可能出现非常数的正稳态解，而只有当 a 的取值很小时系统（1.4）中才可能存在非常数的正稳态解。接着，Guo 等人在文献[39]中通过对线性方程的特征值的求解，先后讨论了系统（1.4）在无耗散项时的 Hopf 分岔现象和有耗散项时在 $\Omega=(0,\pi)$ 和齐次 Neumann 边界条件下的 Hopf 分岔现象，并讨论了在有耗散项时 Hopf 分岔的方向和周期解的稳定性，而且通过数值模拟的方法得到了非常数正稳态解和空间非齐次周期解。

当 $f \in C^1(0,\infty) \bigcap C[0,\infty)$ 且为非单调递减的函数时，此时系统（1.4）是一个比前面所提的的系统更具有一般性的 Brusselator 模型。Ghergu 等人在文献[42]中指出在 $\Omega \subset \mathbb{R}^n$（$n \geqslant 1$）为光滑的有界区域和齐次 Neumann 边界条件下，系统会不会出现 Turing 模式在很大程度上取决于函数 f 的非线性性。具体来说，当 f 为亚线性增长函数时系统（1.4）不可能出现 Turing 模式，而当 f 为超线性增长函数时系统（1.4）会不会出现 Turing 模式则与参数 a,b 和耗散系数 d_1,d_2 之间的相互依赖性密切相关。最近，Li 在文献[84]中通过对线性方程的特征值的求解，分别得到了系统（1.4）在无耗散项时发生 Hopf 分岔和有耗散项时在 $\Omega \subset \mathbb{R}^n$（$n \geqslant 1$）为光滑的有界区域和齐次 Neumann 边界条件下发生 Hopf 分岔的横截性条件，然后文章又讨论了在有耗散项时系统出现的 Hopf 分岔的分岔方向以及由分岔得到的周期解的稳定性。

在分岔理论中，余维数是刻画分岔的复杂程度的一个重要指标，余维数越高的分岔意味着系统的退化程度越高，其动力学结构被破坏的也就越严重，系统的动力学行为也就变得越丰富和复杂。因此，对系统中出现的高余维分岔现象进行研究一直以来都是动力系统分岔领域的一个长期且困难的课题。其实，余维二的 Turing-Hopf 分岔可以简单的看作是系统同时发生了余维一的 Hopf 分岔和余维一的稳态分岔。与余维一的 Hopf 分岔和稳态分岔不同，余维二的 Turing-Hopf 分岔有着十分丰富的动力学行为，比如混合时空周期模式的出现、显示空间和时间模式之间双稳定的区域结构以及时空混沌现象等[58, 59, 89]。

正是基于余维二 Turing-Hopf 分岔的复杂性和重要性，已有很多学者利用数值的方法[12, 87, 99]或解析的方法[107, 108, 112, 113]来研究反应-扩散系统的余维二 Turing-Hopf 分岔。在 2014 年，Song 和 Zou[107]研究了一类捕食者与被捕食者反应-扩散模型的时空动力学性态，主要讨论了系统在内部正常数稳态解附近发生的余维二 Turing-Hopf 分岔，伴随着分岔的发生系统出现了很多非常复杂的现象，并对各种现象进行了数值模拟。最近，Song 等人根据前人的一些工作在文献[108]中给出了一个将反应-扩散方程化成等价的无穷维常微分方程，然后求解中心流形上的正规型来研究余维二 Turing-Hopf 分岔的一般性方法，并利用文中所给出的分析方法讨论了如下的自催化化学反应系统：

$$\begin{cases} \dfrac{\partial u_1}{\partial t} = d_1 \Delta u_1 + a - u_1 u_2^p, & x \in (0, \ell\pi), t > 0 \\ \dfrac{\partial u_2}{\partial t} = d_2 \Delta v + u_1 u_2^p - u_2, & x \in (0, \ell\pi), t > 0 \\ u_{1x}(0,t) = u_{1x}(\ell\pi,t) = u_{2x}(0,t) = u_{2x}(\ell\pi,t) = 0, & t \geq 0 \\ u_1(x,0) = u_{10}(x) \geq 0, \ u(x,0) = u_{20}(x) \geq 0, & x \in (0, \ell\pi) \end{cases}$$

得到了该系统出现余维二 Turing-Hopf 分岔的横截性条件，给出了分岔图表及相应的相图。从中可以看到余维二 Turing-Hopf 分岔表现出了丰富的动力学性态，伴随着分岔现象的出现，系统出现了很多有意思的现象。

据知在现有的很多文献中对系统（1.4）的讨论大多着重于非常数正稳态解的存在性、Turing 模式的存在性、余维一的 Hopf 分岔或余维一的稳态分岔，而关于系统（1.4）是否会发生更高余维的分岔，如余维二的 Turing-Hopf 分岔，却鲜有文章进行讨论。因此在本书的第 5 章将会结合文献[108]着重讨论系统（1.4）齐次 Neumann 边界条件下的余维二 Turing-Hopf 分岔现象，即讨论如式（1.5）所示的系统发生的余维二 Turing-Hopf 分岔现象：

$$\begin{cases} \dfrac{\partial u}{\partial t} = d_1 \Delta u + a - (1+b)u + f(u)v, & x \in \Omega, t > 0 \\ \dfrac{\partial v}{\partial t} = d_2 \Delta v + bu - f(u)v, & x \in \Omega, t > 0 \\ \dfrac{\partial u}{\partial \upsilon} = \dfrac{\partial v}{\partial \upsilon} = 0, & x \in \partial\Omega, t > 0 \\ u(x,0) = u_0(x) \geq 0, \ v(x,0) = v_0(x) \geq 0, & x \in \Omega \end{cases} \quad (1.5)$$

其中 $f \in C^1(0,\infty) \bigcap C[0,\infty)$；$\Omega = (0, \ell\pi)$；$\upsilon$ 表示边界上的单位外法线方向，$\partial\upsilon$ 为边界上外法线方向的流，由于在边界上外法线方向的流为零，这意味着该系统是一个封闭的系统；其他参数的实际意义与系统（1.4）中的一样，在 $t = 0$ 时的初值条件 $u_0(x), v_0(x)$ 均为 Ω 上关于位置 x 的非负连续函数。

1.2.3 带有被捕食者趋向性的捕食者与被捕食者模型

通过向系统中添加空间变量来刻画系统中种群的随机扩散过程已被广泛研究[132-135]。事实上，在捕食者与被捕食的空间相互作用中，除了捕食者和被捕食者的随机扩散外，捕食者速度的时空变化通常是由被捕食者梯度引导的，即被捕食者趋向性[136-139]。很多学者已经认识到具有被捕食者趋向性的系统可能会产生更丰富的动力学性态，并出现与不含被捕食者趋向性时不同的空间模式，例如随着被捕食者趋向性系数的变化，系统的解可以是拟周期解或混沌解[140, 141]。

因此，在第 6 章中将在一个具有一般性的反应-扩散捕食者-被捕食者系统中引入被捕食者趋向性，并研究被捕食者趋向性对捕食者-被捕食者模型动力学性态的影响。即考虑在齐次 Neumann 边界条件下的系统，如式（1.6）所示：

$$\begin{cases} \dfrac{\partial u}{\partial t} = d_1 \Delta u + g(u)(f(u) - v), & x \in \Omega, t > 0 \\ \dfrac{\partial v}{\partial t} = d_2 \Delta v - \nabla(\chi q(v)\nabla u) + v(\gamma g(u) - \delta), & x \in \Omega, t > 0 \end{cases} \quad (1.6)$$

其中，$\Omega \subset \mathbb{R}^n$（$n \geq 1$）为有界区域具有光滑边界 $\partial\Omega$；未知函数 $u(x,t), v(x,t)$ 分别代表被捕食者和捕食者在 t 时刻处于空间 x 位置时的密度；拉普拉斯算子

Δ 表示两种物种的随机运动；d_1 和 d_2 是被捕食者和捕食者的扩散系数。在没有捕食的情况下，被捕食者以固有增长率 $g(u)f(u)$ 增长，$g(u)$ 是功能反应函数；正参数 $\gamma \leqslant 1$ 是转化率；δ 是捕食者的死亡率。$-\nabla(\chi q(v)\nabla u)$ 表示被捕食者的趋向性，它给出了捕食者沿着被捕食者梯度移动的速度，函数 $q(v)$ 表明运动可能依赖于捕食者的密度。常数 χ 表示被捕食者趋向性的敏感系数，当 $\chi > 0$ 时称为吸引的，这意味着捕食者倾向于向更高被捕食者密度的方向移动，以提高觅食效率。相反，当 $\chi < 0$ 时称为排斥的，这意味着捕食者倾向于向更高被捕食者密度的相反方向移动，以避免大量被捕食者物种的群体防御。更多的生物学背景可以参考文献[142, 143]。

对于特定代数形式的 $f(u)$，$g(u)$ 和 $q(v)$，系统（1.6）已经有大量的研究工作。当 $v_3 = (1-k_{02}u_2)v_2$ 且系统（1.6）中没有扩散项时，已经进行了广泛的研究[144-148]。在文献[149]中，Cheng 研究了具有饱和功能反应函数时的极限环的存在性和唯一性。在文献[150]中，Rosenzweig 认为，大的承载能力会导致共生平衡点的稳定性被破坏，这就是所谓的富集悖论。

在系统（1.6）中当 $\chi = 0$ 时也有很多优秀的工作[151-154]。在文献[155]中，研究了捕食者对被捕食者的捕食延迟对正平衡点的稳定性的影响。通过计算和分析与 Turing-Hopf 分岔相关的中心流形上的正规形式，在文献[156]中他们获得了 Turing-Hopf 分岔点附近的时空动力学性态。对于一般性的扩散捕食者与被捕食者系统，文献[157]中研究了分岔引起的空间齐次和非齐次周期解以及非常数稳态解。

在系统（1.6）中当 $\chi \neq 0$ 时，Wang 等人[158]考虑了一个具有 Holling II 功能响应函数的反应-扩散系统。他们表明，只有当趋向性是排斥的，非常数稳态解才能从正平衡点分岔出来。在文献[159]中，证明了在具有群体行为的捕食者与被捕食者模型中一支非常数解可以从正平衡点分岔出来。这表明被捕食者趋向性可以破坏一致平衡点的稳定性并产生空间模式。通过导出熵类的等式和有界性判据，Jin 和 Wang[160]表明，即使包含了被捕食者趋向性并且该趋向性很强，捕食者和被捕食者之间的内在相互作用也足以防止种群过度拥挤。一类一般反应-扩散系统的解的全局存在性和有界性被文献[161]给出。在本书中，系统（1.6）中的函数 $f(u)$, $g(u)$ 和 $q(v)$ 在各种具体情况下可以是不同类型的。因此，此模型比先前研究者所研究的更为一般化。

1.3 本书的符号及其含义

$\mathbb{N}$	表示正整数集
$\mathbb{N}_0$	表示非负整数集
$\mathbb{R}^n$	表示 n 维实欧几里得空间，$\mathbb{R} = \mathbb{R}^1$
$\mathbb{R}_+$	表示全体非负实数组成的空间
$W_{\text{loc}}^c(x_0)$	表示平衡点 x_0 的局部中心流形
$C^r(\mathbb{R}^n, \mathbb{R}^n)$	表示由 $\mathbb{R}^n$ 到 $\mathbb{R}^n$ 的具有 r 次连续可微函数构成的空间
$\cdot$	表示关于时间变量 t 的一阶导数
$'$	表示单变量函数关于变量的一阶导数
$\oplus$	表示直和
$Df(x_0)$	表示多变量的可导函数 f 在 x_0 处的 Jacobi 矩阵
$\text{tr}(A)$	表示矩阵 A 的迹
$|A|$	表示矩阵 A 的行列式
T^{-1}	表示算子 T 的逆算子
I	表示恒等算子
$\text{Proj}_S \mathcal{A}$	表示算子 $\mathcal{A}$ 在空间 $\mathcal{S}$ 上的投影算子
$\text{Im}\,\mathcal{A}$	表示算子 $\mathcal{A}$ 的像空间
$\text{Im}(a)$	表示虚数 a 的虚部
$\text{Re}(a)$	表示虚数 a 的实部

生物系统分岔研究的预备知识

2.1 动力系统基础

自然界中存在着许多随时间的变化而进行演变的现象，如行星自身的变化、流体的运动、物种的延续等。如果将这些现象抽象成具体的数学模型的话，它们均可以用一个共同的最基本的数学模型来描述，那就是：设集合 X 是一个由所有可能发生的各种状态构成的集合，它与时间 t 之间满足的一定动态规律可设为 $\varphi_t : X \to X$。这样，一个状态 $x \in X$ 随时间 t 变动而成为另一个状态 $\varphi_t(x)$。如果把 X 看成是一个欧几里得空间或是一个一般的拓扑空间，让时间 t 在一定范围内变化，再对动态规律 φ_t 添加一些简单且自然的条件后，这就构成了一个动力系统。

其实对动力系统的研究最早可以追溯至 1881 年法国数学家 H. Poincare 的工作，他所用的研究方法和思想，被公认为是动力系统这一数学分支的肇始。之后动力系统便得到了许多学者的关注并得到快速的发展，陆续形成了拓扑动力系统、微分动力系统、哈密顿动力系统、随机动力系统、遍历论等分支。事实上，动力系统也可以看成是对牛顿微分方程中出现的力学系统概念的一个发展。下面给出动力系统的一个具体定义。

定义 2.1.1[131] 设 S 是 n 维欧式空间 $\mathbb{R}^n$ 中的一个开集，映射 $\varphi : \mathbb{R} \times S \to S$ 连续，记 $\varphi(t, x)$ 为 $\varphi_t(x)$。固定 t 时，若映射 $\varphi_t : S \to S$ 满足

（1）$\varphi_0 : S \to S$ 是恒等映射；

（2）对 $\mathbb{R}$ 内一切 t 与 s 均有 $\varphi_t \varphi_s = \varphi_{t+s}$ 成立。

则称 φ_t 为动力系统。

需要指出的是，由定义可知 φ_t 对 t 连续且 φ_{-t} 是 φ_t 的逆映射。动力系统与自治的微分方程之间有以下关系。

命题 2.1.1[131] 每一个可微动力系统对应一个微分方程，且此微分方程以它为解。

由此可知微分方程的每条解就构成一个动力系统。因此，通常也把微分方程叫作动力系统。下面就着重介绍一些由常微分方程的解所构成的动力系

2 生物系统分岔研究的预备知识

统的动力学行为。

考虑由自治的常微分方程构成的系统，如式（2.1）所示：

$$\dot{x} = f(x) \tag{2.1}$$

其中，$x \in \mathbb{R}^n$，$f \in C^r(\mathbb{R}^n, \mathbb{R}^n)$，$r \geq 1$。设 $x_0 \in \mathbb{R}^n$，$\varphi_t(x_0)$ 表示系统（2.1）满足初值问题 $\varphi_0(x_0) = x_0$ 的唯一解。一般地，$f(x)$ 可以被看作 n 维空间中位置 x 处的向量场，因此系统（2.1）的解又称为向量场空间中的轨线，x 的取值空间 $\mathbb{R}^n$ 又被称为相空间。对于一个动力系统的所有轨线，可以分为以下 3 类。

引理 2.1.1[131] 系统（2.1）的轨线 $\varphi_t(x_0)$ 必为以下 3 类型之一：

（1）不封闭：当 $t_1 \neq t_2$ 时，$\varphi_{t_1}(x_0) \neq \varphi_{t_2}(x_0)$。

（2）闭轨：存在一个数 $T > 0$，使得 $\varphi_T(x_0) = \varphi_0(x_0) = x_0$。但对于 $0 < t < T$，则 $\varphi_t(x_0) \neq x_0$，即 T 是周期，$\varphi_{t+T}(x_0) = \varphi_t(x_0)$。

（3）平衡点：$\varphi_t(x_0) \equiv x_0$。

由于对所有轨线进行完全描述是十分困难且不现实的，所以人们在研究动力系统的时候，总是希望了解轨线的极限状态，即当时间趋于无穷时系统的轨线究竟会去向何处。关于轨线的极限状态的研究已经成为动力系统领域一个热门的方向。显然，闭轨和平衡点的极限状态是很简单的，仍是它们自己本身。因而真正需要关心的是一般的不封闭的轨线的极限状态。结果表明在对相空间进行刻画时平衡点的分离线起着重要的作用。因此平衡点在人们研究动力系统的动力学行为方面有着十分重要的作用。

由引理 2.1.1 可知，一条过点 x_0 的轨线称为系统的平衡点当且仅当 $f(x_0) = 0$，很多书中也把平衡点叫作奇点或临界点。因此从平衡点的定义中可知，在研究系统平衡点的存在性时往往是求解代数方程 $f(x) = 0$ 根的存在性。而当 x_0 为系统（2.1）的平衡点时，由泰勒展式有

$$\dot{x} = Df(x_0)(x - x_0) + o(|x - x_0|) \tag{2.2}$$

式（2.2）表明系统在平衡点 x_0 附近的动力学行为在很大程度上取决于 Jacobi 矩阵 $Df(x_0)$ 的性质。根据矩阵 $Df(x_0)$ 的特征值的取值情况，可以简单地把平衡点分为两类：① 双曲平衡点，矩阵 $Df(x_0)$ 的特征值的实部全不为零；② 非

双曲平衡点，矩阵 $Df(x_0)$ 存在实部为零的特征值。

从上面的讨论容易得到，当平衡点 x_0 为双曲平衡点时，系统（2.2）在 x_0 附近的动力学行为完全由矩阵 $Df(x_0)$ 的特征值所决定，即由低次项所决定而与高次项无关。再由平衡点的平移不改变其动力学性质可知，双曲平衡点附近的动力学性质与其相应的线性近似系统在原点附近的性质几乎是一样的，所以有如下著名的 P. Hartman 定理。

引理 2.1.2[131] 设 U 为 $\mathbb{R}^n$ 中包含 $v = y - \bar{y}$ 的开邻域。若 $x_0 \in \mathbb{R}^n$ 是系统（2.1）的双曲平衡点，则存在一个双方单一的连续变换 $x = u(\xi)$，定义在 $\xi = 0$ 的邻域 V 上且 $u(0) = x_0$，将其对应的线性化系统 $\dot{\xi} = Df(x_0)\xi$ 的解映为系统（2.1）的解。

以上引理可知：双曲平衡点附近的轨线与其相应的线性近似系统在原点附近的轨线可以一一对应起来。因此可以通过研究线性系统在双曲平衡点附近的动力学性质来研究非线性系统在双曲平衡点附近的动力学性质。

对于双曲平衡点来说：当矩阵 $Df(x_0)$ 的特征值的实部全部小于零时，平衡点是稳定的，平衡点附近所有轨线的极限状态均趋于平衡点，此时平衡点被称为稳定的结点或汇；当矩阵 $Df(x_0)$ 的特征值的实部全部大于零时，平衡点是不稳定的，平衡点附近所有轨线的极限状态均远离平衡点，此时平衡点被称为不稳定的结点或源；而当矩阵 $Df(x_0)$ 存在（但不是全部）实部大于零的特征值，其余的特征值的实部全部小于零时，平衡点是不稳定的，平衡点附近轨线的极限状态有远离平衡点的、也有趋于平衡点的，此时平衡点被称为鞍点。

而对于非双曲平衡点来说，当矩阵 $Df(x_0)$ 存在实部大于零的特征值时，平衡点一定是不稳定的；而当矩阵 $Df(x_0)$ 不存在实部大于零的特征值时，此时平衡点的稳定性一般需要借助于中心流形定理才能做出判断。中心流形定理提供了讨论非双曲平衡点的稳定性的方法，通过中心流形定理可以将高阶系统限制在一个与其对应的低阶系统上来研究，而低阶系统的维数恰好就是矩阵 $Df(x_0)$ 具有零实部的特征值的个数。下面给出如何利用中心流形定理来讨论非双曲平衡点在其所对应的 Jacobi 矩阵 $Df(x_0)$ 不存在实部大于零的特征值时的稳定性。

系统（2.1）经过适当的可逆线性变换后可以变成如式（2.3）所示的形式：

$$\begin{cases} \dot{x} = Ax + F(x, y) \\ \dot{y} = By + G(x, y) \end{cases} \tag{2.3}$$

其中，$(x, y) \in \mathbb{R}^c \times \mathbb{R}^s$，$F(0,0) = G(0,0) = 0$，$DF(0,0) = DG(0,0) = 0$，$A, B$ 分别是所有特征值具有零实部的 $c \times c$ 矩阵和所有特征值具有负实部的 $s \times s$ 矩阵，且 F, G 均是 C^r（$r \geq 2$）函数。这里 s, c 分别代表矩阵 $Df(x_0)$ 的实部小于零的特征值的个数和实部等于零的特征值的个数。事实上，可逆的线性变换并不改变系统平衡点的稳定性，所以为了讨论此时系统（2.1）的平衡点的稳定性，只需要讨论系统（2.3）的平衡点 (0,0) 的稳定性即可。关于系统（2.3）的局部中心流形的存在性，有如下定理。

引理 2.1.3[131] 对任意小 $\delta > 0$，系统（2.3）存在一个 C^r（$r \geq 2$）的局部中心流形 $W^c_{loc}(0) = \{(x, y) \in \mathbb{R}^c \times \mathbb{R}^s : y = h(x), |x| < \delta, h \in C^r, h(0) = 0, Dh(0) = 0\}$，而且，在原点附近中心流形上的轨线满足系统：

$$\dot{u} = Au + F(u, h(u)), u \in \mathbb{R}^c \tag{2.4}$$

对于系统（2.3）的平衡点 (0,0) 的稳定性，有如下结论。

引理 2.1.4[131] （1）若系统（2.4）的零解是稳定的（渐进稳定的或不稳定的），则系统（2.3）的零解也是稳定的（渐进稳定的或不稳定的），从而系统（2.1）的平衡点 $v = y - \bar{y}$ 也是稳定的（渐进稳定的或不稳定的）；

（2）若系统（2.4）的零解是稳定的，$(x(t), y(t))$ 是系统（2.3）满足充分小的初值条件 $(x(0), y(0))$ 的解，则系统（2.4）存在解 $u(t)$，使得当 $t \to \infty$ 时，

$$x(t) = u(t) + O(e^{-\gamma t}), \quad y(t) = h(u(t)) + O(e^{-\gamma t})$$

其中，$\gamma > 0$ 是一个常数。即 $(x(t), y(t))$ 趋于中心流形上的一个解 $(u(t), h(u(t)))$，且趋近的速度是指数式的。

2.2 平面系统平衡点的分类

基于平衡点在动力系统研究中起着十分重要的作用，在讨论平衡点附近的动力学行为时，许多学者根据平衡点附近的轨线的走向对平衡点的类型进行了详细的分类。为了方便本书的讨论，下面以平面系统为例对平衡点的具体类型进行分类。

考虑一般的平面系统：

$$\begin{cases} \dot{x} = P(x,y) \\ \dot{y} = Q(x,y) \end{cases} \quad (2.5)$$

其中，$P, Q : X \to \mathbb{R}$ 均是解析函数，$X \subset \mathbb{R}^2$ 是开子集。解析函数意味着在 X 的每一点处均存在一个小邻域，使得函数在该邻域内均有收敛到函数自身的泰勒展式。因此它们的一阶偏导数均存在。以下始终假设 $(x_0, y_0) \in X$ 是系统（2.5）的平衡点，即式子 $P(x_0, y_0) = Q(x_0, y_0) = 0$ 成立。由 Jacobi 矩阵在讨论平衡点的定性性质时的重要性，记 $A(x,y)$ 为函数 P, Q 在任意一点 (x,y) 处的 Jacobi 矩阵，并将矩阵 $A(x,y)$ 的迹和行列式分别记为 $\text{tr}(A(x,y))$ 和 $|A(x,y)|$，根据 Jacobi 矩阵的定义可知

$$A(x,y) = \frac{\partial(P,Q)}{\partial(x,y)} = \begin{pmatrix} \dfrac{\partial P}{\partial x} & \dfrac{\partial P}{\partial y} \\ \dfrac{\partial Q}{\partial x} & \dfrac{\partial Q}{\partial y} \end{pmatrix} \quad (2.6)$$

2.2.1 双曲平衡点

由上节的讨论可知，动力系统的平衡点一般分为双曲平衡点和非双曲平衡点两类。下面将分别讨论系统（2.5）的双曲平衡点和非双曲平衡点的定性性质。

首先，当 (x_0, y_0) 为系统（2.5）的双曲平衡点时，根据其 Jacobi 矩阵的性

质结合引理 2.1.2，有如下的结果。

引理 2.2.1[94]　（1）如果 $|A(x_0,y_0)|<0$，那么 (x_0,y_0) 为系统（2.5）的鞍点。

（2）如果 $|A(x_0,y_0)|>0$，$\text{tr}(A(x_0,y_0))\neq 0$ 并且 $(\text{tr}(A(x_0,y_0)))^2-4|A(x_0,y_0)|\geq 0$，那么 (x_0,y_0) 为系统（2.5）的结点；具体来说，当 $\text{tr}(A(x_0,y_0))>0$ 时为不稳定的结点，而当 $\text{tr}(A(x_0,y_0))<0$ 时为稳定的结点。

（3）如果 $|A(x_0,y_0)|>0$，$\text{tr}(A(x_0,y_0))\neq 0$ 并且 $(\text{tr}(A(x_0,y_0)))^2-4|A(x_0,y_0)|<0$，那么 (x_0,y_0) 为系统（2.5）的焦点；具体来说，当 $\text{tr}(A(x_0,y_0))>0$ 时为不稳定的焦点，而当 $\text{tr}(A(x_0,y_0))<0$ 时为稳定的焦点。

（4）如果 $|A(x_0,y_0)|>0$ 且 $\text{tr}(A(x_0,y_0))=0$，那么 (x_0,y_0) 为系统（2.5）的中心或焦点。

2.2.2　非双曲平衡点

当 (x_0,y_0) 为系统（2.5）的非双曲平衡点时，此时上边的结论已不再适用。为了讨论非双曲平衡点的定性性质，往往需要对系统进行适当的进一步的变换。一个系统与其经过适当的正则变换后，所得到的新系统一起被称为等价系统。正则变换并不改变平面系统在平衡点附近的轨线的拓扑结构，因此系统经过正则变换后的鞍点、拓扑鞍点、结点、鞍-结点、焦点、中心以及尖点仍保持不变。所以在研究非双曲平衡点的定性性质时，我们通常会对原系统进行适当的正则变换。根据文献[1]中的定义，一个连续满射 $T:X\to\mathbb{R}^2$，为了方便叙述不妨假设其对应关系式为 $T(x,y)=(P(x,y),\ Q(x,y))$，被称为正则的是指 T 为一一对应的，T^{-1} 为连续映射且对任意的 $(x,y)\in X$ 有 $|A(x,y)|\neq 0$ 成立。如果 T 是正则的，那么称变换

$$\begin{cases}u=P(x,y)\\v=Q(x,y)\end{cases}$$

为正则变换。

假设对系统进行具有如式（2.7）所示形式的变换

$$\begin{cases} u = \sum_{i+j=1}^{\infty} a_{ij} x^i y^j := P(x,y) \\ v = \sum_{i+j=1}^{\infty} b_{ij} x^i y^j := Q(x,y) \end{cases} \qquad (2.7)$$

其中，$i,j \in \mathbb{N}_0$。利用隐函数定理，类似文献[79]中的性质3.1，关于变换（2.7）有如下更一般的性质。

性质 2.2.1 当 $a_{10}b_{01} - a_{01}b_{10} \neq 0$ 时，有以下结论成立：

（1）存在包含原点 $(0,0)$ 的开邻域 U_1, V_1，使得变换（2.7）在 U_1 中可逆且其在 U_1 上的值域为 V_1；如果设其逆变换为

$$\begin{cases} x = x(u,v) \\ y = y(u,v) \end{cases}$$

则 $x(u,v), y(u,v)$ 均为定义在 V_1 上的从一次项开始的幂级数；

（2）存在包含原点 $(0,0)$ 的开邻域 $O_1 \subset U_1$，使得变换（2.7）为 O_1 上的正则变换。

证明：（1）令 $T: \mathbb{R}^2 \to \mathbb{R}^2$ 其对应关系为 $T(x,y) = (P(x,y), Q(x,y))$ 的映射，其中 $P(x,y), Q(x,y)$ 为变换（2.7）中的幂级数。有假设易知，$|A(0,0)| = a_{10}b_{01} - a_{01}b_{10} \neq 0$。所以由文献[32]中的结论可知，存在一个包含原点 $(0,0)$ 的开邻域 U_1，取 $V_1 = T(U_1)$，使得映射 $T: U_1 \to V_1$ 为同胚映射并且其逆映射 $T^{-1}: V_1 \to U_1$ 可定义为如下形式的映射：

$$T^{-1}(u,v) = (x(u,v), y(u,v))$$

其中，$x(u,v), y(u,v)$ 均为幂级数。由 $P(0,0) = Q(0,0) = 0$，得到 $x(0,0) = y(0,0) = 0$，因此幂级数 $x(u,v), y(u,v)$ 是从一次项开始的。所以结论（1）得证。

（2）因为 $P(x,y), Q(x,y), x(u,v)$ 和 $y(u,v)$ 均为幂级数函数，T, T^{-1} 均为连续映射，因此由假设 $|A(0,0)| \neq 0$ 可知存在包含原点 $(0,0)$ 的一个开邻域 $O_1 \subset U_1$ 使得对任意的 $(x,y) \in O_1$ 均有 $|A(x,y)| \neq 0$ 成立。因而，$T: O_1 \to T(O_1)$ 为正则映射，结论（2）得证。综上所述，命题证毕。

下面给出关于平面系统的非双曲平衡点类型的一些结论。当 $|A(x_0,$

$y_0)|=0$ 且 $\mathrm{tr}(A(x_0,y_0))\neq 0$ 时，根据文献[1, 94]中的相关知识，我们知道经过适当的正则变换后系统（2.5）将与系统（2.8）等价。

$$\begin{cases} \dot{u} = p_2(u,v) \\ \dot{v} = v + q_2(u,v) \end{cases} \quad (2.8)$$

其中，$(0,0)$ 为系统（2.8）的一个孤立平衡点，$p_2(u,v)$ 和 $q_2(u,v)$ 均为包含 $(0,0)$ 的某一个邻域上的解析函数，并且它们的泰勒展式均是从二次项开始的。显然，适当的正则变换还将系统（2.5）的平衡点 (x_0,y_0) 平移到了原点。关于系统（2.8），有如下引理。

引理 2.2.2[131] 当 $|A(x_0,y_0)|=0$ 且 $\mathrm{tr}(A(x_0,y_0))\neq 0$ 时，则系统（2.5）与系统（2.8）等价，其中 $(0,0)$ 为系统（2.8）的一个孤立平衡点。若令 $v=\phi(u)$ 为方程 $v+q_2(u,v)=0$ 在 $(0,0)$ 的一个邻域内的解，并将函数 $\psi(u):=p_2(u,\phi(u))$ 在原点的一个邻域内进行泰勒展开。如果其泰勒展式为

$$\psi(u) = a_r u^r + \cdots, \quad r \geqslant 2, a_r \neq 0$$

那么，

（1）当 r 为奇数且 $a_r>0$ 时，则 (x_0,y_0) 为系统（2.5）的结点；

（2）当 r 为奇数且 $a_r<0$ 时，则 (x_0,y_0) 为系统（2.5）的鞍点；

（3）当 r 为偶数时，则 (x_0,y_0) 为系统（2.5）的鞍-结点。

为了方便应用，结合引理 2.2.2 和文献[79]中的性质 3.2，可以得到下面一个新的结果。

性质 2.2.2 假设 $|A(x_0,y_0)|=0$，$\mathrm{tr}(A(x_0,y_0))\neq 0$ 且系统（2.5）等价于以 $(0,0)$ 为其一个孤立平衡点的系统，如式（2.9）所示：

$$\begin{cases} \dot{u} = p(u,v) \\ \dot{v} = \rho v + q(u,v) \end{cases} \quad (2.9)$$

其中，$\rho \neq 0$，$p(u,v) = \sum\limits_{i+j=k}^{\infty} \alpha_{ij} u^i v^j$ 和 $q(u,v) = \sum\limits_{i+j=2}^{\infty} \beta_{ij} u^i v^j$，$i,j \in \mathbb{N}_0$，均为收敛的级数。

如果 $\alpha_{k0} \neq 0$ 且 $k \geqslant 2$，那么

（1）当 k 为奇数且 $\alpha_{k0} > 0$ 时，则 (x_0, y_0) 为系统（2.5）的结点；

（2）当 k 为奇数且 $\alpha_{k0} < 0$ 时，则 (x_0, y_0) 为系统（2.5）的鞍点；

（3）当 k 为偶数时，则 (x_0, y_0) 为系统（2.5）的鞍-结点。

证明： 令 $t = \dfrac{\tau}{\rho}, u_1(\tau) = u(t) = u\left(\dfrac{\tau}{\rho}\right)$ 和 $v_1(\tau) = v(t) = v\left(\dfrac{\tau}{\rho}\right)$。那么系统（2.9）变成了系统：

$$\begin{cases} \dot{u}_1(\tau) = \rho^{-1} p(u_1(\tau), v_1(\tau)) := p_1(u_1, v_1) \\ \dot{v}_1(\tau) = v_1(\tau) + \rho^{-1} q(u_1(\tau), v_1(\tau)) := v_1 + q_1(u_1, v_1) \end{cases}$$

再令 $F(u_1, v_1) = v_1 + q_1(u_1, v_1)$，则易知 $F(0, 0) = 0$ 和 $F_{v_1}(u_1, v_1) = 1$。由隐函数定理[32]可知，在 $(0, 0)$ 附近存在唯一的幂级数 $v_1(u_1) = \sum_{n=0}^{\infty} b_n u_1^n$ 使得

$$v_1(0) = 0 \text{ 且 } v_1(u_1) + q_1(u_1, v_1(u_1)) = 0$$

显然，$b_0 = 0$。另外，经计算可得

$$\dot{v}_1(u_1) = -(q_1)_{u_1}(u_1, v_1(u_1)) - (q_1)_{v_1}(u_1, v_1(u_1)) \dot{v}_1(u_1)$$

且

$$\ddot{v}_1(u_1) = -(q_1)_{u_1 u_1}(u_1, v_1(u_1)) - [2(q_1)_{u_1 v_1}(u_1, v_1(u_1)) + (q_1)_{v_1 v_1}(u_1, v_1(u_1)) \dot{v}_1(u_1)] \dot{v}_1(u_1) - (q_1)_{v_1}(u_1, v_1(u_1)) \ddot{v}_1(u_1)$$

因此结合 $(q_1)_{u_1}(0, 0) = (q_1)_{v_1}(0, 0) = 0$，有

$$\dot{v}_1(0) = 0 \text{ 和 } \ddot{v}_1(0) = -(q_1)_{u_1 u_1}(0, 0) = -\rho^{-1} q_{uu}(0, 0) = -2\rho^{-1} \beta_{20}$$

成立。因而 $v_1(u_1) = \sum_{n=2}^{\infty} b_n u_1^n$，其中 $b_2 = -\rho^{-1} \beta_{20}$。所以

$$\psi(u_1) := p_1(u_1, v_1(u_1)) = \rho^{-1} p(u_1, v_1) = \rho^{-1} \alpha_{k0} u^k + O(u_1), \quad k \geqslant 2$$

其中，$O(u_1)$ 为从 u_1 的 $k+1$ 阶项开始的函数，其具体表达式为

$$O(u_1) = \rho^{-1} \left[\sum_{i=1}^{k} \alpha_{k-i,i} u_1^{k-i} \left(\sum_{n=2}^{\infty} b_n u_1^n \right)^i + \sum_{i+j=k+1}^{\infty} \alpha_{ij} u_1^i \left(\sum_{n=2}^{\infty} b_n u_1^n \right)^j \right]$$

由 $\rho \neq 0, \alpha_{k0} \neq 0$ 和 $k \geq 2$，结合引理 2.2.2 可知结论得证。综上所述，命题证毕。

进一步，若 $|A(x_0, y_0)| = 0, \mathrm{tr}(A(x_0, y_0)) = 0$ 且 $A(x_0, y_0) \neq 0$，由文献[94]可知经过适当的正则变换后系统（2.5）等价于以 (0,0) 为其一个孤立平衡点的系统：

$$\begin{cases} \dot{u} = v \\ \dot{v} = \alpha_k u^k [1 + h(u)] + \beta_n u^n v [1 + g(u)] + v^2 R(u, v) \end{cases} \quad (2.10)$$

其中，h, g 和 R 在 $(0,0)$ 的某个邻域内均是解析函数，$h(0) = g(0) = 0, k \geq 2$，$\alpha_k \neq 0$ 且 $n \geq 1$。作为文献[94]中定理 2 和定理 3（也可以参看文献[1]中的定理 66 和定理 67）的一个特殊形式，有如下的结果。

引理 2.2.3[2]　假设 $|A(x_0, y_0)| = 0, \mathrm{tr}(A(x_0, y_0)) = 0, A(x_0, y_0) \neq 0$ 且系统（2.5）与系统（2.10）等价。

（1）如果 k 为奇数且 $\alpha_k > 0$，则 (x_0, y_0) 为系统（2.5）的拓扑鞍点；

（2）如果 k 为偶数且 $\beta_n \neq 0, n \geq \dfrac{k}{2}$，则 (x_0, y_0) 为系统（2.5）的尖点。

事实上，根据正规型理论结合文献[28, 94]，对于上述引理（2）中的结论，有如下更详细的结果。

引理 2.2.4[28]　假设 $|A(x_0, y_0)| = 0, \mathrm{tr}(A(x_0, y_0)) = 0, A(x_0, y_0) \neq 0$ 且系统（2.5）等价于以 (0,0) 为其一个孤立平衡点的系统：

$$\begin{cases} \dot{u} = v \\ \dot{v} = au^2 + buv + o(|(u,v)|^2) \end{cases} \quad (2.11)$$

如果 $ab \neq 0$，那么 (x_0, y_0) 为系统（2.5）的一个余维二尖点。

引理 2.2.5[28]　假设 $|A(x_0, y_0)| = 0, \mathrm{tr}(A(x_0, y_0)) = 0, A(x_0, y_0) \neq 0$ 且系统（2.5）等价于以 (0,0) 为其一个孤立平衡点的系统：

$$\begin{cases} \dot{u} = v \\ \dot{v} = u^2 + Mu^3 v + o(|(u,v)|^4) \end{cases} \quad (2.12)$$

如果 $M \neq 0$，那么 (x_0, y_0) 为系统（2.5）的一个余维三尖点。

另外，为了后面证明余维三尖点时的计算方便，还需给出如下引理，具体可以参看文献[54]中的引理 3.2。

引理 2.2.6[83] 在 (0,0) 的某个很小的邻域内，系统

$$\begin{cases} \dot{x} = y \\ \dot{y} = x^2 + a_{30}x^3 + a_{40}x^4 + y(a_{21}x^2 + a_{31}x^3) + y^2(a_{12}x + a_{22}x^2) + o(|(x,y)|^4) \end{cases}$$

经过适当的坐标变换和时间伸缩变换之后，将与系统

$$\begin{cases} \dot{x} = y \\ \dot{y} = x^2 + Gx^3y + o(|(x,y)|^4) \end{cases}$$

等价。其中，$G = a_{31} - a_{30}a_{21}$。

2.3 分岔理论

分岔是指对于含有参数的动力系统，当系统的参数进行连续变化时，系统的性质或者拓扑结构发生了突然的质的变化，如系统平衡态或周期运动的数目与稳定性的变化。分岔又被称为分支、分歧和分叉等。

一般而言，只有在研究了系统的全局拓扑结构后才能对分岔现象进行全局的分析，然而这却是异常复杂和困难的，甚至是不可能完成的。事实上，在实际应用中只需要研究平衡点或闭轨附近的轨线的拓扑结构的变化，即只需研究在平衡点或闭轨的某个邻域内系统的分岔，这类分岔问题被称为局部分岔。而若在研究分岔问题的过程中考虑了系统的全局行为，这类分岔问题被称为全局分岔。这里所说的局部和全局均是相对而言的，局部分岔有时也会影响系统的全局结构。需要注意的是随着分岔的发生，系统会表现出很多原系统中不曾出现的有趣的现象和内容。由于分岔现象具有非常广阔的应用背景，因此它已成为了非线性动力系统研究中的一个热点问题。

本节考虑含有参数的微分方程如式（2.13）所示：

$$\dot{x} = f_\mu(x) \tag{2.13}$$

其中，$\boldsymbol{x} = (x_1, x_2, \cdots, x_n)^T \in \mathbb{R}^n$ 被称为动态变量，$\boldsymbol{\mu} = (\mu_1, \mu_2, \cdots, \mu_k)^T \in \mathbb{R}^k$ 被称为分岔参数或控制变量。

2 生物系统分岔研究的预备知识

定义 2.3.1[30] 当参数 μ 连续变动时,系统(2.13)的拓扑结构在 $\mu=\mu_0 \in \mathbb{R}^k$ 时突然发生了根本的变化,那么就称系统(2.13)(即向量场 $f_\mu(x)$)在 $\mu=\mu_0$ 处发生分岔,而 μ_0 被称为是其一个分岔值或临界值。在参数 μ 的空间中,所有分岔值的全体构成的集合被称为分岔集。为了清晰地描述系统定性性质由于发生分岔而发生的变化,在 (x, μ) 空间中画出系统(2.13)的极限集(如平衡点、极限环、不变环面等)随着参数变化的图形,这种图形被称为分岔图。

根据分岔图的定性性态,分岔又可以分为通有分岔和退化分岔。若系统受到小的扰动时分岔图的定性性态不受影响,则称该分岔具有通有性,为通有分岔。而不具有通有性的分岔,其分岔图的定性性态易受小的扰动的影响,即具有某种退化性,因而被称为退化分岔。从某种意义上来说,通有分岔是结构稳定的,而退化分岔是结构不稳定的。事实上,可以通过适当引进附加的参数将退化分岔转化成通有分岔。把这种引进附加参数后的系统称为原系统的一个开折,而普适开折就是引进附加参数个数最少的那个开折。即普适开折是原系统的一个扰动系统,它以最简单的方式包含了对系统的所有扰动,因此普适开折可以用来分析原系统在扰动后所有可能出现的动态分岔情况。对于平衡点附近的分岔而言,通常称普适开折中附加参数的个数为平衡点分岔的余维数。

2.3.1 几类余维一的分岔

在这一节中将介绍几类余维一的分岔现象,如鞍-结分岔(Saddle-node bifurcation)、跨临界分岔(Transcritical bifurcation)、音叉分岔(Pitchfork bifurcation)和Hopf分岔(Hopf bifurcation)。由于它们都是余维一的分岔,以下均假设在系统(2.13)中 $k=1$。由于 Sotomayor 定理[30]在不借助对中心流形进行约化的情况下,给出了判定 n 维自治系统发生鞍-结分岔、跨临界分岔、音叉分岔和Hopf分岔的横截性条件,使得在验证系统是否发生以上各种分岔时的变得非常简便。因此,下面将详细介绍 Sotomayor 定理。

引理 2.3.1[105] 若系统(2.13)在 $\mu=\mu_0$ 时存在一个平衡点 x_0 满足以下

条件：

（SN1）矩阵 $D_x f_{\mu_0}(x_0)$ 有一个简单的零特征值、m 个具有负实部的特征值以及 $n-m-1$ 个具有正实部的特征值，并记零特征值所对应的右特征向量和左特征向量分别为 v 和 w；

（SN2）$w[(\partial f_\mu / \partial \mu)(x_0, \mu_0)] \neq 0$；

（SN3）$w(D_x^2 f_{\mu_0}(x_0)(v,v)) \neq 0$。

则系统（2.13）在 $\mathbb{R}^n \times \mathbb{R}$ 空间中存在一条经过 (x_0, μ_0) 的光滑的并与超平面 $\mathbb{R}^n \times \{\mu_0\}$ 相切的不动点曲线。又根据条件（SN2）和（SN3）中的符号可知：当 $\mu < \mu_0$（$\mu > \mu_0$）时，系统（2.13）在 (x_0, μ_0) 附近无其他平衡点；而当 $\mu > \mu_0$（$\mu < \mu_0$）时，系统（2.13）在 (x_0, μ_0) 附近有两个双曲平衡点，且它们分别具有 m 维和 $m+1$ 维的稳定流形。因此随着参数 μ 连续变化到 $\mu = \mu_0$ 时，系统（2.13）在平衡点 x_0 处发生了鞍-结分岔。而且所有满足条件（SN1）～（SN3）的方程 $\dot{x} = f_\mu(x)$ 的集合在存在一个平衡点 x_0，且仅有一个简单的零特征值的 C^∞ 单参数向量场空间中是一个开的稠密子集。

从以上引理可以看出随着参数的连续变化，在鞍-结分岔点附近出现了平衡点的产生和破坏。即从参数变化的一个方向来看，是两个结构稳定的平衡点相互靠近发生碰撞，合并成为一个结构不稳定的平衡点继而最终消失，而从参数变化的另一个方向来看，则是消失的平衡点慢慢出现，成为一个结构不稳定的平衡点继而最终一分为二，成为两个渐行渐远的结构稳定的平衡点。

引理 2.3.2[105] 若系统（2.13）始终存在一个平衡点 x_0 且在 $\mu = \mu_0$ 时满足以下条件：

（TC1）矩阵 $D_x f_{\mu_0}(x_0)$ 有一个简单的零特征值、m 个具有负实部的特征值以及 $n-m-1$ 个具有正实部的特征值，并记零特征值所对应的右特征向量和左特征向量分别为 v 和 w；

（TC2）$w[(\partial f_\mu / \partial \mu)(x_0, \mu_0)] = 0$；

（TC3）$w[(\partial^2 f_\mu / (\partial \mu \partial x))(x_0, \mu_0)v] \neq 0$；

（TC4）$w[D_x^2 f_{\mu_0}(x_0)(v,v)] \neq 0$。

则系统（2.13）在 $\mathbb{R}^n \times \mathbb{R}$ 空间中存在一条经过 (x_0, μ_0) 的并穿过超平面 $\mathbb{R}^n \times \{\mu_0\}$

的不动点直线。又根据条件（TC3）和（TC4）中的符号可知：当 $\mu<\mu_0$（$\mu>\mu_0$）时，系统（2.13）的平衡点 x_0 变成了一个双曲平衡点，并且系统（2.13）在 (x_0,μ_0) 附近出现了一个新的双曲平衡点，它们分别具有 m 维和 $m+1$ 维的稳定流形；而当 $\mu>\mu_0$（$\mu<\mu_0$）时，系统（2.13）的平衡点 x_0 变成了一个双曲平衡点并且系统（2.13）在 (x_0,μ_0) 附近出现了一个新的双曲平衡点，它们分别具有 $m+1$ 维和 m 维的稳定流形。因此随着参数 μ 连续变化到 $\mu=\mu_0$ 时，系统（2.13）在平衡点 x_0 处发生了跨临界分岔。而且所有满足条件（TC1）~（TC4）的方程 $\dot{x}=f_\mu(x)$ 的集合，在始终具有平衡点 x_0 且仅有一个简单零特征值的 C^∞ 单参数向量场空间中是一个开的稠密子集。

从以上引理我们可以看出随着参数的连续变化，系统始终存在着一个平衡点永远不会被破坏，只是出现了一个新的结构稳定的双曲平衡点。而两个结构稳定的双曲平衡点在分岔值两侧交换了彼此的某些"稳定性"，在分岔值处合二为一成为了一个结构不稳定的非双曲的平衡点。

引理 2.3.3[105] 若系统（2.13）始终存在一个平衡点 x_0 且在 $\mu=\mu_0$ 时满足以下条件：

（PF1）矩阵 $D_x f_{\mu_0}(x_0)$ 有一个简单的零特征值、m 个具有负实部的特征值以及 $n-m-1$ 个具有正实部的特征值，并记零特征值所对应的右特征向量和左特征向量分别为 v 和 w；

（PF2） $w[(\partial f_\mu/\partial \mu)(x_0,\mu_0)]=0$；

（PF3） $w[(\partial^2 f_\mu/(\partial\mu\partial x))(x_0,\mu_0)v]\neq 0$；

（PF4） $w[D_x^2 f_{\mu_0}(x_0)(v,v)]=0$；

（PF5） $w[D_x^3 f_{\mu_0}(x_0)(v,v,v)]\neq 0$。

则系统（2.13）在 $\mathbb{R}^n\times\mathbb{R}$ 空间中存在一条经过 (x_0,μ_0) 的光滑的并与超平面 $\mathbb{R}^n\times\{\mu_0\}$ 相切的不动点曲线。又根据条件（PF3）和（PF5）中的符号可知：当 $\mu<\mu_0$（$\mu>\mu_0$）时，系统（2.13）的平衡点 x_0 变成了一个双曲平衡点，并且系统（2.13）在 (x_0,μ_0) 附近没有出现新的双曲平衡点，平衡点 x_0 具有 $m+1$ 维的稳定流形；而当 $\mu>\mu_0$（$\mu<\mu_0$）时，系统（2.13）的平衡点 x_0 变成了一个双曲平衡点，并且系统（2.13）在 (x_0,μ_0) 附近出现了两个新的双曲平衡

点，它们分别具有 m、$m+1$ 维和 $m+1$ 维的稳定流形。因此随着参数 μ 连续变化到 $\mu=\mu_0$ 时，系统（2.13）在平衡点 x_0 处发生了音叉分岔。而且所有满足条件（PF1）~（PF5）的方程 $\dot{x}=f_\mu(x)$ 的集合，在始终具有平衡点 x_0 且仅有一个简单零特征值的 C^∞ 单参数向量场的空间中是一个开的稠密子集。

事实上，音叉分岔普遍存在于具有某种对称性质的物理问题中，例如在具有空间左右对称性的问题中平衡点以对称的形式出现或消失。从以上引理也可以看出随着参数的连续变化，系统始终存在着一个平衡点永远不会被破坏，只是会在分岔值的某一侧出现两个新的结构稳定的双曲平衡点。而新出现的两个结构稳定的双曲平衡点在分岔值处与原平衡点合成了一个结构不稳定的非双曲的平衡点。许多学者根据新的平衡点出现在分岔值的哪一侧或它们的稳定性，把音叉分岔又分为超临界音叉分岔和亚临界音叉分岔。例如，在一维系统中，若两个新的平衡点出现在分岔值的右侧，此时它们是稳定的平衡点，则称此时的音叉分岔为超临界音叉分岔，反之若两个新的平衡点出现在分岔值的左侧，此时它们是不稳定的平衡点，则称此时的音叉分岔为亚临界音叉分岔。

从以上 3 个引理也不难发现，鞍-结分岔是通有分岔，任何在平衡点处有一个简单的零特征值的单参数向量场，均可以经过适当的扰动出现一个鞍-结分岔。因此跨临界分岔和音叉分岔通过增加微小的扰动后均会出现鞍-结分岔，所以从某种意义上来说，跨临界分岔和音叉分岔均是退化分岔。

引理 2.3.4[40] 若系统（2.13）在 $\mu=\mu_0$ 时存在一个平衡点 x_0 且满足以下条件：

（H1）矩阵 $D_x f_{\mu_0}(x_0)$ 有一对简单的纯虚数特征值 $\pm\omega(\mu)\mathrm{i}$（$\omega(\mu)>0$）并且其他特征值的实部均不为零；这意味着系统（2.13）在 $\mathbb{R}^n\times\mathbb{R}$ 空间中存在一条光滑的不动点曲线 $(x(\mu),\mu)$ 且满足 $x(\mu_0)=x_0$。矩阵 $D_x f_{\mu_0}(x_0)$ 存在一对共轭复特征值 $\lambda(\mu),\overline{\lambda}(\mu)$ 为 μ 的光滑函数，而 $\lambda(\mu_0),\overline{\lambda}(\mu_0)$ 为一对共轭虚数。如果，进一步满足条件

（H2）$\dfrac{\mathrm{d}}{\mathrm{d}\mu}(\mathrm{Re}\,\lambda(\mu))|_{\mu=\mu_0}=d\neq 0$

则系统（2.13）在 $\mathbb{R}^n \times \mathbb{R}$ 空间中唯一存在一个经过 (x_0, μ_0) 的三维中心流形，且三维中心流形在 μ 为常数的平面上等价于如式（2.14）所示的光滑系统：

$$\begin{cases} \dot{x} = \alpha(\mu)x - \omega(\mu)y + [a(\mu)x - b(\mu)y](x^2+y^2) + O(|(x,y)|^5) \\ \dot{y} = \omega(\mu)x + \alpha(\mu)y + [b(\mu)x + a(\mu)y](x^2+y^2) + O(|(x,y)|^5) \end{cases} \quad (2.14)$$

如果 $a := a(\mu_0) \neq 0$，那么系统（2.13）在中心流形上存在一个周期解曲面。而且若 $a > 0$，则这些周期解是不稳定的极限环，此时又称为亚临界 Hopf 分岔；若 $a < 0$，则这些周期解是稳定的极限环，此时又称为超临界 Hopf 分岔。

这个引理不仅给出了极限环的存在性，还对极限环的稳定性作出了判断。以平面系统为例，解释一下以上引理中 a, d 在分岔过程中所起到的作用。显然，a 的符号决定了极限环的稳定性。d 的符号决定了特征值实部的变化方向：当 $d > 0$ 时，随着 μ 的变大，特征值实部逐渐由负数变成了正数，因此在 $\mu < \mu_0$ 一侧平衡点是稳定的，在另一侧平衡点是不稳定的；当 $d < 0$ 时，随着 μ 的变大，特征值实部逐渐由正数变成了负数，因此在 $\mu < \mu_0$ 一侧平衡点是不稳定的，在另一侧平衡点则是稳定的。极限环究竟会出现在参数的哪一侧则取同时取决于 a, d 的符号，例如：

（1）若 $a > 0, d > 0$，则在 $\mu < \mu_0$ 一侧系统有一个稳定的平衡点和一个不稳定的极限环，在 $\mu > \mu_0$ 一侧系统有一个不稳定的平衡点，此时系统中不存在极限环；

（2）若 $a > 0, d < 0$，则在 $\mu < \mu_0$ 一侧系统有一个不稳定的平衡点，此时系统中不存在极限环，在 $\mu > \mu_0$ 一侧系统有一个稳定的平衡点和一个不稳定的极限环；

（3）若 $a < 0, d > 0$，则在 $\mu < \mu_0$ 一侧系统有一个稳定的平衡点，此时系统中不存在极限环，在 $\mu > \mu_0$ 一侧系统有一个不稳定的平衡点和一个稳定的极限环；

（4）若 $a < 0, d < 0$，则在 $\mu < \mu_0$ 一侧系统有一个不稳定的平衡点和一个稳定的极限环，在 $\mu > \mu_0$ 一侧系统有一个稳定的平衡点，此时系统中不存在极限环。

常数 a 又被称为第一 Lyapunov 系数，它在 Hopf 分岔中起着十分重要的作用，相对于 d 的符号，a 的符号是不那么容易求出的。下面我们给出一个计算 a 的公式。若系统（2.14）在 $\mu = \mu_0$ 时，经过适当的正则变换后可以化成如式（2.15）所示的规范型：

$$\begin{cases} \dot{x} = -\omega y + f(x, y) \\ \dot{y} = \omega x + g(x, y) \end{cases} \quad (2.15)$$

则

$$a = \frac{1}{16}(f_{xxx} + f_{xyy} + g_{xxy} + g_{yyy}) +$$

$$\frac{1}{16\omega}[f_{xy}(f_{xx} + f_{yy}) - g_{xy}(g_{xx} + g_{yy}) - f_{xx}g_{xx} + f_{yy}g_{yy}]$$

其中下标均表示对该变量求偏导数，且以上各函数均在平衡点和分岔值处取值。

特别地对于平面系统来说，根据文献[94]中的方法，可以不经过将系统化成规范型的过程而直接求出第一 Lyapunov 系数。不妨假设平面系统就是系统（2.5），且平衡点 (x_0, y_0) 在分岔值 $\mu = \mu_0$ 时满足引理 2.3.4 的条件。并可以进一步假设在系统（2.5）中 $P(x, y), Q(x, y)$ 的泰勒展式为 $P(x, y) = \sum_{i+j=1}^{\infty} a_{ij} x^i y^j, Q(x, y) = \sum_{i+j=1}^{\infty} b_{ij} x^i y^j$，其中 $x, y \in \mathbb{N}_0$。显然，由 Hopf 分岔条件可知，有 $a_{10} + b_{01} = 0, A = a_{10}b_{01} - a_{01}b_{10} > 0$ 成立，此时第一 Lyapunov 系数 a 的表达式为

$$a = -\frac{3\pi}{2a_{01}A^{\frac{3}{2}}} \sum_{i=1}^{8} \xi_i \quad (2.16)$$

其中，

$$\xi_1 = a_{10}b_{10}(a_{11}^2 + a_{11}b_{02} + a_{02}b_{11}), \quad \xi_2 = a_{10}a_{01}(b_{11}^2 + a_{20}b_{11} + a_{11}b_{02}),$$

$$\xi_3 = b_{10}^2(a_{11}a_{02} + 2a_{02}b_{02}), \quad \xi_4 = -2a_{10}b_{10}(b_{02}^2 - a_{20}a_{02}), \quad \xi_5 = -2a_{10}a_{01}(a_{20}^2 - b_{20}b_{02}),$$

$$\xi_6 = -a_{01}^2(2a_{20}b_{20} + b_{11}b_{20}), \quad \xi_7 = (a_{01}b_{10} - 2a_{10}^2)(b_{11}b_{02} - a_{11}a_{20}),$$

$$\xi_8 = -(a_{10}^2 + a_{01}b_{10})[3(b_{10}b_{03} - a_{01}a_{30}) + 2a_{10}(a_{21} + b_{12}) + (b_{10}a_{12} - a_{01}b_{21})]$$

2.3.2 余维二和余维三的 Bogdanov-Takens 分岔

在 20 世纪 70 年代 R. Bogdanov[13]与 F. Takens[110]先后独立地发现了一种余维二的分岔现象即 Bogdanov-Takens 分岔，通常被简称为 BT 分岔。由于它具有非常丰富的动力学行为，下面将对 Bogdanov-Takens 分岔作一个简单的介绍。由于它为余维二的分岔，可假设在系统（2.13）中 $k = 2$。

假设系统（2.13）在 $\boldsymbol{\mu} = \boldsymbol{\mu}_0$ 时存在一个平衡点 x_0，矩阵 $\mathrm{D}_x f_{\mu_0}(x_0)$ 有两个零特征值而其他特征值的实部均不为零。此时为了研究非双曲平衡点附近的动力学性态，可以通过中心流形定理将系统（2.13）约化到一个相应的二维中心流形上来进行研究。因此进一步假设在 $\boldsymbol{\mu} = \boldsymbol{\mu}_0$ 时已经完成了相应的约化工作，即不妨假设系统（2.13）在其相应的二维中心流形上等价于系统（2.17）：

$$\begin{cases} \dot{x} = y + a_{20}x^2 + a_{11}xy + a_{02}y^2 + O(|(x,y)|^3) \\ \dot{y} = b_{20}x^2 + b_{11}xy + b_{02}y^2 + O(|(x,y)|^3) \end{cases} \quad (2.17)$$

下面只需要研究系统（2.17）在 (0,0) 处的动力学性态就可以了。而在求解系统（2.17）的规范型时发现 $2a_{20} + b_{11}$ 和 b_{20} 的取值起着重要的作用。由引理 2.2.6 和引理 2.3.7 可知其是否为零，平衡点 (0,0) 有可能是余维二的 Bogdanov-Takens 型尖点，也有可能是余维三的 Bogdanov-Takens 型尖点。我们首先讨论当 $2a_{20} + b_{11} \neq 0, b_{20} \neq 0$ 时的情形。事实上，此时 (0,0) 是系统（2.17）的一个余维二的 Bogdanov-Takens 型尖点，因此有如下的结论。

引理 2.3.5[71] 若系统（2.17）满足 $2a_{20} + b_{11} \neq 0, b_{20} \neq 0$，则系统（2.17）等价于系统

$$\begin{cases} \dot{x} = y \\ \dot{y} = x^2 \pm xy \end{cases} \quad (2.18)$$

而它有一个如式（2.19）所示的普适开折

$$\begin{cases} \dot{x} = y \\ \dot{y} = \mu_1 + \mu_2 y + x^2 \pm xy \end{cases} \quad (2.19)$$

其实这个结果并不是那么明显的，它的证明过程有兴趣的可以参看 Takens[114]

和 Bogdanov[13, 14]。通过坐标变换 $(x,y,t,\mu_1,\mu_2) \to (x,-y,-t,\mu_1,-\mu_2)$ 可以将系统（2.19）中的减号变成加号。因此，只需要研究如式（2.20）所示的系统：

$$\begin{cases} \dot{x} = y \\ \dot{y} = \mu_1 + \mu_2 y + x^2 + xy \end{cases} \quad (2.20)$$

事实上，系统（2.20）在 $\mu_1 < 0$ 时有两个平衡点 $(\pm\sqrt{-\mu_1},0)$，而在 $\mu_1 > 0$ 时无平衡点。在 $\mu_1 = 0, \mu_2 \neq 0$ 时这两个平衡点变成了一个平衡点，且此时该平衡点处的 Jacobi 矩阵有一个零特征值，由引理 2.3.1 可知此时系统（2.20）发生了鞍-结分岔，而其分岔曲线即为 $SN = \{(\mu_1,\mu_2) : \mu_1 = 0, \mu_2 \neq 0\}$。

当 $\mu_1 = -\mu_2^2, \mu_2 > 0$ 时，可以利用第一 Lyapunov 系数公式来计算系统平衡点 $(-\sqrt{-\mu_1},0)$ 所对应的第一 Lyapunov 系数。由式（2.16）有 $a = \dfrac{3\pi}{2|2\mu_1|^{3/2}} > 0$，所以在 $\mu_1 = -\mu_2^2, \mu_2 > 0$ 时 $(-\sqrt{-\mu_1},0)$ 为一个重数为一的弱焦点，因此由引理 2.3.4 可知系统（2.20）在平衡点 $(-\sqrt{-\mu_1},0)$ 处发生了 Hopf 分岔，而其分岔曲线即为 $H = \{(\mu_1,\mu_2) : \mu_1 = -\mu_2^2, \mu_2 > 0\}$。

由于 $(-\sqrt{-\mu_1},0)$ 所对应的第一 Lyapunov 系数大于零，因此系统存在着一个亚临界 Hopf 分岔，随着 μ_2 的减小，一个不稳定的极限环从 $(-\sqrt{-\mu_1},0)$ 处分岔出来，而随着 μ_2 的进一步减小，分岔出来的极限环会不断变大直到与鞍点 $(\sqrt{-\mu_1},0)$ 相交，从而形成一个同宿轨，通过计算沿着同宿轨的 Melnikov 函数可得其同宿轨分岔曲线为 $HL = \left\{(\mu_1,\mu_2) \mid \mu_1 = -\dfrac{49}{25}\mu_2^2 + O(\mu_2^{5/2}), \mu_2 > 0\right\}$。

综上所述，对于系统（2.20），有如下结论成立：

引理 2.3.6[28]　在 $\mathbb{R}^2$ 中存在 $(\mu_1,\mu_2) = (0,0)$ 的一个邻域 V，使得系统（2.20）在邻域 V 内的分岔图表包含 $(\mu_1,\mu_2) = (0,0)$ 和以下曲线：

（1）$SN = \{(\mu_1,\mu_2) : \mu_1 = 0, \mu_2 \neq 0\}$，

（2）$H = \{(\mu_1,\mu_2) : \mu_1 = -\mu_2^2, \mu_2 > 0\}$，

（3）$HL = \left\{(\mu_1,\mu_2) \mid \mu_1 = -\dfrac{49}{25}\mu_2^2 + O(\mu_2^{5/2}), \mu_2 > 0\right\}$。

根据文献[1]，系统（2.20）的分岔图表及其各个区域所对应的相图，如图 2.1 所示。

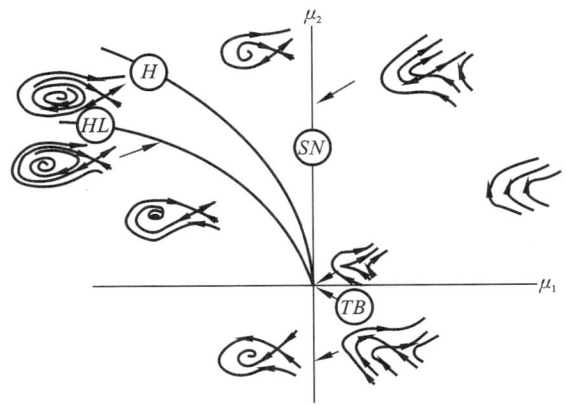

图 2.1　系统（2.20）的分岔图表

而当 $2a_{20}+b_{11}=0, b_{20}\neq 0$ 时，$(0,0)$ 将会是系统（2.17）的一个余维三的尖点，此时有如下的结论。

引理 2.3.7[28]　若系统（2.17）满足 $2a_{20}+b_{11}=0, b_{20}\neq 0$，则系统（2.17）等价于系统

$$\begin{cases} \dot{x}=y \\ \dot{y}=x^2\pm x^3 y \end{cases} \quad (2.21)$$

而它有一个如下的普适开折

$$\begin{cases} \dot{x}=y \\ \dot{y}=\varepsilon_1+\varepsilon_2 y+\varepsilon_3 xy+x^2\pm x^3 y \end{cases} \quad (2.22)$$

通过坐标变换 $(x,y,t,\varepsilon_1,\varepsilon_2,\varepsilon_3)\to(x,-y,-t,\varepsilon_1,-\varepsilon_2,-\varepsilon_3)$ 可以将系统（2.21）中的减号变成加号。因此，我们只需要研究如式（2.23）所示的系统：

$$\begin{cases} \dot{x}=y \\ \dot{y}=\varepsilon_1+\varepsilon_2 y+\varepsilon_3 xy+x^2+x^3 y \end{cases} \quad (2.23)$$

显然，当 $\varepsilon_1>0$ 时，系统（2.23）没有平衡点，而在 $(\varepsilon_1,\varepsilon_2,\varepsilon_3)=(0,0,0)$ 的

一个小邻域内，平面 $\varepsilon_1 = 0$ 是一个鞍-结分岔平面，当 ε_1 继续减小穿过这个平面时，系统（2.23）中出现两个平衡点：一个为鞍点，另一个为结点或焦点。因此，其他的各种分岔曲面均会落在 $\varepsilon_1 < 0$ 的半空间中。由于系统（2.23）的分岔图表在 $\mathbb{R}^3$ 空间中是一个从 $(\varepsilon_1, \varepsilon_2, \varepsilon_3) = (0,0,0)$ 开始的锥形结构，为了更好地呈现其动力学性态，画出它与半球面 S_r 的交，其中

$$S_r = \{(\varepsilon_1, \varepsilon_2, \varepsilon_3) \mid \varepsilon_1 < 0, \varepsilon_1^2 + \varepsilon_2^2 + \varepsilon_3^2 = r^2, r > 0 充分小\}$$

为此，给出了它们的交在 $(\varepsilon_2, \varepsilon_3)$ -平面上的投影，如图 2.2 所示[28]。正如图 2.2 所示，系统（2.23）有三条分岔曲线。

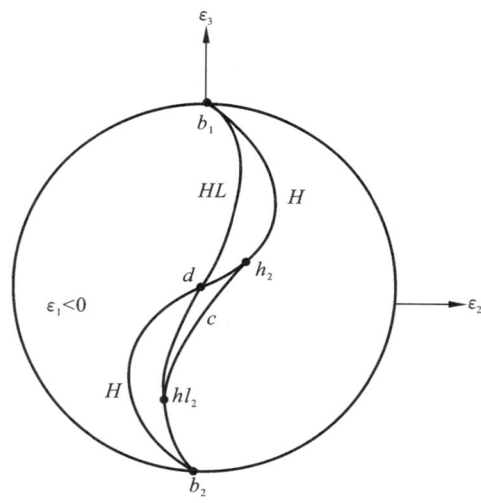

图 2.2 系统（2.23）的分岔图表

注：H 为 Hopf 分岔曲线；C 为极限环的鞍-结分岔曲线；HL 为同宿轨分岔曲线。

即当参数在 b_1 和 b_2 的一个小邻域内时，系统均会出现余维二的 BT 分岔。当参数在 b_1 的一个小邻域内且在曲线 H 和 HL 之间时，系统有唯一的一个不稳定的极限环；而当参数在 b_2 的一个小邻域内且在曲线 H 和 HL 之间时，系统有唯一的一个稳定的极限环。当参数在曲线 H 上且不与点 h_2 重合时，系统会出现阶数为一的 Hopf 分岔，具体来说是当参数在曲线 H 上从右到左穿过弧 $\widehat{b_1 h_2}$ 时，系统有一个不稳定的极限环；而当参数在曲线 H 上从左到右穿过弧

$\widehat{h_2b_2}$ 时，系统有一个稳定的极限环。当参数在 h_2 处时，系统发生阶数为二的 Hopf 分岔。当参数在曲线 HL 上且不与点 hl_2 重合时，系统会出现阶数为一的同宿轨分岔，具体来说是当参数在曲线 HL 上从左到右穿过弧 $\widehat{b_1hl_2}$ 时，鞍点的两条分界线交换它们的位置且系统中出现一个不稳定的极限环，而当参数在曲线 HL 上从右到左穿过弧 $\widehat{hl_2b_2}$ 时，鞍点的两条分界线交换它们的位置且系统中出现一个稳定的极限环。当参数在 hl_2 处时，系统发生阶数为二的同宿轨分岔。当参数在曲线 H 和 HL 的横截交点 d 处时，系统会同时发生阶数为一的 Hopf 分岔和阶数为一的同宿轨分岔。当参数在三角形 dh_2hl_2 内时，系统有两个极限环，里面的一个是稳定的，外面的一个则是不稳定的。而当参数从左到右穿过曲线 C 时，两个极限环合并成一个极限环，且当参数在曲线 C 上时，系统有一个半稳定的极限环。

3

一类带有非线性被捕食者收割项生物系统的分岔研究

由于 Michaelis-Menten 型收割对生物种群数量以及个体对种群进行收割的努力程度都有一定的饱和作用，因此对生物种群进行 Michaelis-Menten 型收割将会更加地符合实际情况。本章将研究系统（1.2）中的收割项 $h(x)$ 取 Michaelis-Menten 型非线性收割时的情形。即本章将分析系统（3.1）的分岔行为

$$\begin{cases} \dot{x} = x\left(r - \dfrac{rx}{K} - ay\right) - \dfrac{qEx}{m_1 E + m_2 x} \\ \dot{y} = sy\left(1 - \dfrac{y}{nx}\right), & \text{若 } (x,y) \neq (0,0) \\ \dot{y} = 0, & \text{若 } (x,y) = (0,0) \end{cases} \quad (3.1)$$

以上各参数的实际生物意义与系统（1.2）中的一样，在此不再赘述。为了计算方便，类似于文献[45]对系统（3.1）做如下的伸缩变化。即令

$$u = x/K, \quad v = y/nK, \quad \tau = rt$$

然后再将字母 (u,v,τ) 用 (x,y,t) 替换回来，此时系统（3.1）等价于系统：

$$\begin{cases} \dot{x} = \left(1 - x - by - \dfrac{h}{c+x}\right)x := f(x,y) \\ \dot{y} = \rho y\left(1 - \dfrac{y}{x}\right) := g(x,y), & \text{若 } (x,y) \neq (0,0) \\ \dot{y} = 0, & \text{若 } (x,y) = (0,0) \end{cases} \quad (3.2)$$

其中，$b = (anK)/r$，$h = qE/(m_2 rK)$，$c = m_1 E/(m_2 K)$ 且 $\rho = s/r$ 均是正数。

在文献[45]中，Gupta 等对系统（3.2）的动力学性态进行了分析。在讨论系统（3.2）平衡点的存在性时，指出系统（3.2）至多有 5 个平衡点，其中有 3 个边界平衡点（包括原点在内）以及两个内部平衡点。并根据系统在各个平衡点处的线性化矩阵的特征值对所有平衡点进行了分类，这些平衡点可能是鞍点、结点、中心、焦点和鞍-结点等。并在定理 3 中得到当 $c < \dfrac{1}{1+b}$ 且 $h = \dfrac{(1+c+bc)^2}{4(1+b)}$ 时，系统（3.2）唯一的内部平衡点 $\bar{E} = (\bar{x}, \bar{y})$ 是一个鞍-结点，

3 一类带有非线性被捕食者收割项生物系统的分岔研究

其中，$\bar{x}=\bar{y}=\dfrac{1-c-bc}{2(1+b)}$。并进一步利用 Sotomayor 定理证明了在适当的条件下，系统（3.2）在平衡点 $\bar{E}$ 附近会发生余维一的鞍-结分岔。

在研究平衡点的分岔时余维数是反映分岔复杂情况的一个重要指标，余维数越高意味着系统在该平衡点附近的动力学性态就将越复杂和丰富。因此，为了深入了解系统所蕴含的丰富的动力学性态，就需要进一步研究系统的高余维分岔现象。事实上，在一定条件下系统（3.2）的平衡点 $\bar{E}$ 还有可能是余维二和余维三的 Bogdanov-Takens 型尖点，进而系统（3.2）在平衡点 $\bar{E}$ 附近将有可能发生余维二和余维三的 Bogdanov-Takens 分岔。这些都是文献[45]中所没有分析的，所以本章将在文献[45]的基础上继续研究系统（3.2）中出现的高余维分岔现象。

3.1 非双曲平衡点的定性研究

为了文章的完整性，在本节将首先分析系统（3.2）的平衡点 $\bar{E}$ 为非双曲平衡点时的类型。由第 2 章知识可知，系统在平衡点处的 Jacobian 矩阵在研究平衡点的动力学行为时起着重要作用。因此，现在考虑系统（3.2）在平衡点 $\bar{E}$ 处的 Jacobi 矩阵。经计算可得

$$A(\bar{E}):=\dfrac{\partial(f,g)}{\partial(x,y)}\bigg|_{\bar{E}}=\begin{bmatrix} 1-(2+b)\bar{x}-\dfrac{hc}{(c+\bar{x})^2} & -b\bar{x} \\ \rho & -\rho \end{bmatrix} \quad (3.3)$$

令 $|A(\bar{E})|$，$\text{tr}(A(\bar{E}))$ 分别表示矩阵 $A(\bar{E})$ 的行列式和迹。由于 $(\bar{x},\bar{y})$ 满足方程

$$\begin{cases} \left(1-x-by-\dfrac{h}{c+x}\right)x=0 \\ \rho y\left(1-\dfrac{y}{x}\right)=0 \end{cases}$$

因此，有

$$\begin{aligned}
|A(\overline{E})| &= -\rho\left[1-2(1+b)\overline{x}-\frac{hc}{(c+\overline{x})^2}\right] \\
&= -\rho\left[1-2(1+b)\overline{x}-\frac{c}{c+\overline{x}}(1-\overline{x}-b\overline{x})\right] \\
&= \frac{\rho\overline{x}}{c+\overline{x}}[2(1+b)\overline{x}-1+c+bc] \\
&= 0
\end{aligned} \quad (3.4)$$

且

$$\begin{aligned}
\mathrm{tr}(A(\overline{E})) &= -\rho+1-(2+b)\overline{x}-\frac{c}{c+\overline{x}}(1-\overline{x}-b\overline{x}) \\
&= -\rho+\frac{\overline{x}}{c+\overline{x}}[1-c-(2+b)\overline{x}] \\
&= -\rho+\frac{b(1-c-bc)}{2(1+b)}
\end{aligned} \quad (3.5)$$

结合式（3.4）和式（3.5），有如下的定理。

定理 3.1.1 关于 $\overline{E}$ 的相图，下列结论成立：

（1）当 $c\in\left(0,\dfrac{1}{1+b}\right)$，$\rho\ne\dfrac{b(1-c-bc)}{2(1+b)}$ 且 $h=\dfrac{(1+c+bc)^2}{4(1+b)}$ 时，系统（3.2）的唯一内部平衡点 $\overline{E}=\left(\dfrac{1-c-bc}{2(1+b)},\dfrac{1-c-bc}{2(1+b)}\right)$ 是一个余维一的鞍-结点；

（2）当 $c\in\left(0,\dfrac{2+b}{(1+b)(2+3b)}\right)\cup\left(\dfrac{2+b}{(1+b)(2+3b)},\dfrac{1}{1+b}\right)$，$\rho=\dfrac{b(1-c-bc)}{2(1+b)}$ 且 $h=\dfrac{(1+c+bc)^2}{4(1+b)}$ 时，系统（3.2）的唯一内部平衡点 $\overline{E}=\left(\dfrac{1-c-bc}{2(1+b)},\dfrac{1-c-bc}{2(1+b)}\right)$ 是一个余维二的尖点；

（3）当 $c=\dfrac{2+b}{(1+b)(2+3b)}$，$\rho=\dfrac{b^2}{(1+b)(2+3b)}$ 且 $h=\dfrac{4(1+b)}{(2+3b)^2}$ 时，系统（3.2）的唯一内部平衡点 $\overline{E}=\left(\dfrac{b}{(1+b)(2+3b)},\dfrac{b}{(1+b)(2+3b)}\right)$ 是一个余维三的尖点。

证明： 由式（3.4）可知，如果 $h = \dfrac{(1+c+bc)^2}{4(1+b)}$，则 $|A(\overline{E})| = 0$。

（1）显然，当 $c < \dfrac{1}{1+b}$ 时，有 $\dfrac{b(1-c-bc)}{2(1+b)} > 0$ 成立。结合式（3.5），可以得到若 $\rho \neq \dfrac{b(1-c-bc)}{2(1+b)}$，那么 $\mathrm{tr}(A(\overline{E})) \neq 0$。

为了方便研究，将平衡点 $\overline{E}$ 平移到原点。令 $u = x - \overline{x}$，$v = y - \overline{y}$，其中 $(\overline{x}, \overline{y}) = \left(\dfrac{1-c-bc}{2(1+b)}, \dfrac{1-c-bc}{2(1+b)} \right)$，则系统（3.2）变成了系统（3.6）：

$$\begin{cases} \dot{u} = a_{10}u + a_{01}v + a_{20}u^2 + a_{11}uv + P_1(u,v) \\ \dot{v} = b_{10}u + b_{01}v + b_{20}u^2 + b_{11}uv + b_{02}v^2 + Q_1(u,v) \end{cases} \quad (3.6)$$

其中，

$$a_{10} = -a_{01} = \dfrac{b(1-c-bc)}{2(1+b)}, \quad a_{20} = \dfrac{c(1+b)(1+2b)-1}{1+c+bc}, \quad a_{11} = -b$$

$$b_{10} = -b_{01} = \rho, \quad b_{20} = b_{02} = -\dfrac{2\rho(1+b)}{1-c-bc}, \quad b_{11} = -2b_{02}$$

且 $P_1(u,v)$，$Q_1(u,v)$ 均是关于 (u,v) 的至少从三次项开始的多项式。

需要注意的是 $\mathrm{tr}(A(\overline{E})) = a_{10} + b_{01}$。而 $\mathrm{tr}(A(\overline{E})) \neq 0$，所以有 $a_{10} + b_{01} \neq 0$。为此，可以进行正则变换

$$u_1 = b_{01}u - a_{01}v, \quad v_1 = a_{10}u + a_{01}v$$

此时，系统（3.6）等价于系统（3.7）：

$$\begin{cases} \dot{u}_1 = a_1 u_1^2 + a_2 u_1 v_1 + a_3 v_1^2 + P_2(u_1, v_1) \\ \dot{v}_1 = \zeta v_1 + b_1 u_1^2 + b_2 u_1 v_1 + b_3 v_1^2 + Q_2(u_1, v_1) \end{cases} \quad (3.7)$$

其中，

$$\zeta = a_{10} + b_{01} \neq 0, \quad a_1 = -\dfrac{b_{10}}{\zeta^2}(a_{11} + 2a_{20}), \quad a_2 = -\dfrac{1}{\zeta^2}\left[b_{10}(a_{11} + 2a_{20}) + \dfrac{a_{11}b_{10}^2}{a_{10}} \right]$$

$$a_3 = \frac{1}{\zeta^2}\left[a_{10}b_{20} - b_{10}(a_{20}+2b_{20}) - \frac{b_{10}^2}{a_{10}}(a_{11}-b_{20})\right], \quad b_1 = \frac{a_{10}}{\zeta^2}(a_{11}+a_{20})$$

$$b_2 = \frac{1}{\zeta^2}[2a_{10}a_{20} + a_{11}(a_{10}+b_{10})], \quad b_3 = \frac{1}{\zeta^2}\left[a_{10}(a_{20}-b_{20}) + b_{10}(a_{11}+2b_{20}) - \frac{b_{10}^2 b_{20}}{a_{10}}\right]$$

且 $P_2(u_1,v_1)$, $Q_2(u_1,v_1)$ 均是关于 (u_1,v_1) 的至少从三次项开始的多项式。

事实上，经过简单的计算可得 $a_1 = \dfrac{\rho(1+b)(1-c-bc)}{\zeta^2(1+c+bc)} > 0$。因此，由性质 2.2.2 可知，系统（3.7）意味着 $\overline{E}$ 是一个余维一的鞍-结点。

（2）由式（3.5）可知，当 $\rho = \dfrac{b(1-c-bc)}{2(1+b)}$ 时，$\mathrm{tr}(A(\overline{E})) = 0$ 成立。此时系统（3.6）为

$$\begin{cases} \dot{u} = a_{10}u + a_{01}v + a_{20}u^2 + a_{11}uv + P_1(u,v) \\ \dot{v} = b_{10}u + b_{01}v + b_{20}u^2 + b_{11}uv + b_{02}v^2 + Q_1(u,v) \end{cases} \quad (3.8)$$

其中，

$$a_{10} = -a_{01} = b_{10} = -b_{01} = \frac{b(1-c-bc)}{2(1+b)}, \quad a_{20} = \frac{c(1+b)(1+2b)-1}{1+c+bc}$$

$$a_{11} = b_{20} = b_{02} = -b, \quad b_{11} = 2b$$

且 $P_1(u,v)$, $Q_1(u,v)$ 均是 $P_2(u_1,v_1)$，关于 (u,v) 的至少从三次项开始的多项式。

令 $u_2 = u$, $v_2 = -b_{01}u + a_{01}v$，则系统（3.8）等价于系统（3.9）：

$$\begin{cases} \dot{u}_2 = v_2 + k_{20}u_2^2 + k_{11}u_2 v_2 + P_3(u_2,v_2) \\ \dot{v}_2 = k_{20}u_2^2 + k_{11}u_2 v_2 + k_{02}v_2^2 + Q_3(u_2,v_2) \end{cases} \quad (3.9)$$

其中，

$$k_{20} = -\frac{(1+b)(1-c-bc)}{1+c+bc}, \quad k_{11} = k_{02} = \frac{2(1+b)}{1-c-bc}, \quad k_{20} = -\frac{b(1-c-bc)^2}{2(1+c+bc)}, \quad k_{11} = b$$

且 $P_3(u_2,v_2)$, $Q_3(u_2,v_2)$ 均是关于 (u_2,v_2) 的至少从三次项开始的多项式。

接着，做如下的正则变换

$$u_3 = u_2, \quad v_3 = v_2 + k_{20}u_2^2 + k_{11}u_2 v_2 + P_3(u_2,v_2)$$

那么，系统（3.9）转化为

$$\begin{cases} \dot{u}_3 = v_3 \\ \dot{v}_3 = l_{20}u_3^2 + l_{11}u_3v_3 + l_{02}v_3^2 + Q_4(u_3, v_3) \end{cases} \quad (3.10)$$

其中，

$$l_{20} = k_{20}, \quad l_{11} = \frac{c(1+b)(2+3b)-b-2}{1+c+bc}, \quad l_{02} = 2k_{02}$$

且 $Q_4(u_3, v_3)$ 是关于 (u_3, v_3) 的至少从三次项开始的多项式。

注意，$Q_4(u_3, v_3)$ 不包含 u_3^2, u_3v_3 这两项，并且 $l_{20} = -\frac{b(1-c-bc)^2}{2(1+c+bc)} < 0$。由此可知 $\bar{E}$ 是个尖点。

令 $\mathrm{d}t = (1 - l_{02}u_3)\mathrm{d}\tau$，且假设以下对变量的求导均是关于字母 τ 的并用字母 t 替代字母 τ，此时系统（3.10）变为

$$\begin{cases} \dot{u}_3 = (1-l_{02}u_3)v_3 \\ \dot{v}_3 = (1-l_{02}u_3)(l_{20}u_3^2 + l_{11}u_3v_3 + l_{02}v_3^2 + Q_4(u_3, v_3)) \end{cases} \quad (3.11)$$

再做变换 $u_4 = u_3, v_4 = (1-l_{02}u_3)v_3$，则系统（3.11）变为

$$\begin{cases} \dot{u}_4 = v_4 \\ \dot{v}_4 = l_{20}u_4^2 + l_{11}u_4v_4 + Q_5(u_4, v_4) \end{cases} \quad (3.12)$$

其中，$Q_5(u_4, v_4)$ 是关于 (u_4, v_4) 的至少从三次项开始的多项式。

如果 $c \neq \frac{2+b}{(1+b)(2+3b)}$，那么

$$l_{20}l_{11} = -\frac{b(1+b)(2+3b)(1-c-bc)^2}{2(1+c+bc)^2}\left(c - \frac{b+2}{(1+b)(2+3b)}\right) \neq 0$$

因此，由引理2.2.3或引理2.2.4可知 $\bar{E}$ 是一个余维二的尖点。

（3）当 $c = \frac{2+b}{(1+b)(2+3b)}$ 时，根据 l_{11} 的表达式可知

$$l_{11} = \frac{(1+b)(2+3b)}{1+c+bc}\left(c - \frac{b+2}{(1+b)(2+3b)}\right) = 0$$

将系统（3.12）中的项 $Q_5(u_4, v_4)$ 进行泰勒展开得到

$$Q_5(u_4, v_4) = l_{30}u_4^3 + l_{21}u_4^2 v_4 + l_{12}u_4 v_4^2 + l_{40}u_4^4 + l_{31}u_4^3 v_4 + l_{22}u_4^2 v_4^2 + Q_6(u_4, v_4)$$

其中，

$$l_{30} = \frac{b^2(6+7b)}{4(1+b)},\ l_{21} = \frac{3b(2+3b)}{4},\ l_{12} = -\frac{7(1+b)^2(2+3b)^2}{b^2},\ l_{22} = -\frac{4(1+b)^3(2+3b)^3}{b^3}$$

$$l_{40} = \frac{b(2+3b)(3b^2+14b+10)}{8(1+b)},\ l_{31} = -\frac{(2+3b)^2(11b^2+13b+4)}{4b}$$

且 $Q_6(u_4, v_4)$ 是关于 (u_4, v_4) 的至少从五次项开始的多项式。

那么系统（3.12）变为

$$\begin{cases} \dot{u}_4 = v_4 \\ \dot{v}_4 = l_{20}u_4^2 + l_{30}u_4^3 + l_{21}u_4^2 v_4 + l_{12}u_4 v_4^2 + l_{40}u_4^4 + l_{31}u_4^3 v_4 + l_{22}u_4^2 v_4^2 + Q_6(u_4, v_4) \end{cases} \quad (3.13)$$

此时 $l_{20} = -\dfrac{b^3}{2(1+b)(2+3b)}$。

由于 $l_{20} = -\dfrac{b^3}{2(1+b)(2+3b)} < 0$。因此，可以做如下的变化

$$u_5 = -u_4,\ v_5 = -\frac{1}{\sqrt{-l_{20}}}v_4,\ \tau = \sqrt{-l_{20}}\,t$$

再将字母 τ 用字母 t 替代，此时系统（3.13）变为

$$\begin{cases} \dot{u}_5 = v_5 \\ \dot{v}_5 = u_5^2 - \dfrac{l_{30}}{l_{20}}u_5^3 + \dfrac{l_{40}}{l_{20}}u_5^4 + v_5\left(\dfrac{l_{21}}{\sqrt{-l_{20}}}u_5^2 - \dfrac{l_{31}}{\sqrt{-l_{20}}}u_5^3\right) + \\ \qquad v_5^2(l_{12}u_5 - l_{22}u_5^2) + Q_7(u_5, v_5) \end{cases} \quad (3.14)$$

其中，$Q_7(u_5, v_5)$ 是关于 (u_5, v_5) 的至少从五次项开始的多项式。

由引理 2.2.6 可知，系统（3.14）等价于系统（3.15）：

$$\begin{cases} \dot{u}_6 = v_6 \\ \dot{v}_6 = u_6^2 + Gu_6^3 v_6 + Q_8(u_6, v_6) \end{cases} \quad (3.15)$$

其中，$G = -\dfrac{l_{31}}{\sqrt{-l_{20}}} + \dfrac{l_{30}l_{21}}{l_{20}\sqrt{-l_{20}}}$，且 $Q_8(u_6, v_6)$ 是关于 (u_6, v_6) 的至少从五次项开始的多项式。

通过直接的计算可得

$$G = (2+3b)^2(b^2+8b+8)\sqrt{2b(1+b)(2+3b)}\big/(8b^3) > 0$$

因此，由引理 2.2.5 可知 $\bar{E}$ 是一个余维三的尖点。证毕。

注 3.1.1 定理 3.1.1 和文献[45]均表明在参数空间中存在鞍-结分岔曲线

$$\left\{ (\rho, b, c, h) \,\middle|\, h = \frac{(1+c+bc)^2}{4(1+b)},\ \rho > 0,\ b > 0,\ c > 0 \right\}$$

即当 $h = \dfrac{(1+c+bc)^2}{4(1+b)}$ 时，系统（3.2）在平衡点 $\bar{E}$ 附近将会发生鞍-结分岔。因此，当 h 的值从 $\dfrac{(1+c+bc)^2}{4(1+b)}$ 的一边穿过到另一边（实际上是从大到小穿过）时，系统（3.2）的内部正平衡点个数将从零个变化到两个。而从生物学的角度来看，鞍-结分岔的临界值即为系统的最大收割量 $h_{\text{MSY}} = \dfrac{(1+c+bc)^2}{4(1+b)}$。这也就是说，当对被捕食者的捕获量超过 h_{MSY} 时将会导致两种生物种群的灭绝，从而使得生态系统崩溃，然而当捕食者对被捕食者的捕获量低于 h_{MSY} 时，在适当的初值条件下两种生物种群不但不会灭绝，而且它们还会共同生存下去。

3.2 余维二分岔

由定理 3.2.1（2）可知，在适当的条件下系统唯一内部平衡点是余维二的尖点。因此，系统（3.2）在该平衡点附近很有可能发生余维二的分岔。本节将证明在适当的条件下，系统（3.2）在唯一内部平衡点附近发生了余维二的

Bogdanov-Takens 分岔，从而在定理 3.2.1（2）中，该平衡点实际上为余维二的 Bogdanov-Takens 型尖点。

3.2.1 余维二的 Bogdanov-Takens 分岔

关于系统（3.2）在非双曲平衡点 $\bar{E}$ 附近的余维二分岔，我们可以得到如下的结论。

定理 3.2.1 如果 $b>0$，$c \in \left(0, \dfrac{2+b}{(1+b)(2+3b)}\right) \cup \left(\dfrac{2+b}{(1+b)(2+3b)}, \dfrac{1}{1+b}\right)$，$\rho = \dfrac{b(1-c-bc)}{2(1+b)}$ 且 $h = \dfrac{(1+c+bc)^2}{4(1+b)}$，那么系统（3.2）有唯一的内部平衡点 $\bar{E} = \left(\dfrac{1-c-bc}{2(1+b)}, \dfrac{1-c-bc}{2(1+b)}\right)$ 且其为余维二的 Bogdanov-Takens 型尖点。进一步，如果选择 h 和 ρ 作为分岔参数，则当参数 (h,ρ) 在 $\left(\dfrac{(1+c+bc)^2}{4(1+b)}, \dfrac{b(1-c-bc)}{2(1+b)}\right)$ 附近的一个小的邻域内变化时，系统（3.2）在平衡点 $\bar{E}$ 附近将会发生余维二的 Bogdanov-Takens 分岔。因此，在参数的某些取值条件下系统（3.2）中将会出现一个极限环，而当参数在另外的某些取值条件下系统（3.2）中将会出现一条同宿轨。

证明： 下面只给出当 $c \in \left(0, \dfrac{2+b}{(1+b)(2+3b)}\right)$ 时的证明过程。可以用类似的方法证明当 $c \in \left(\dfrac{2+b}{(1+b)(2+3b)}, \dfrac{1}{1+b}\right)$ 时的情况，在此就不再重复给出其证明过程。

选择 h 和 ρ 为两个分岔参数。对任意固定的 $b>0$ 和 $c \in \left(0, \dfrac{2+b}{(1+b)(2+3b)}\right)$，令 $(h_0, \rho_0) = \left(\dfrac{(1+c+bc)^2}{4(1+b)}, \dfrac{b(1-c-bc)}{2(1+b)}\right)$，并在系统（3.2）中取 $(h, \rho) = (h_0 + \varepsilon_1, \rho_0 + \varepsilon_2)$。现在将考虑系统（3.2）的一个扰动系统，如式（3.16）所示：

$$\begin{cases} \dot{x} = \left(1 - x - by - \dfrac{h_0 + \varepsilon_1}{c + x}\right)x \\ \dot{y} = (\rho_0 + \varepsilon_2)y\left(1 - \dfrac{y}{x}\right) \end{cases} \quad (3.16)$$

显然，令 $\varepsilon_1 = \varepsilon_2 = 0$ 时，系统（3.16）有一个唯一的内部平衡点 $(\bar{x}, \bar{y})$ 而且是一个余维二的尖点，其中 $(\bar{x}, \bar{y}) = \left(\dfrac{1-c-bc}{2(1+b)}, \dfrac{1-c-bc}{2(1+b)}\right)$。

为了方便讨论，下面将 $(\bar{x}, \bar{y})$ 平移到原点。令 $u = x - \bar{x}$ 且 $v = y - \bar{y}$，那么系统（3.16）变成了系统（3.17）：

$$\begin{cases} \dot{u} = p_0 + p_{10}u + p_{01}v + p_{20}u^2 + p_{11}uv + P_1(u,v,\varepsilon_1,\varepsilon_2) \\ \dot{v} = q_{10}u + q_{01}v + q_{20}u^2 + q_{11}uv + q_{02}v^2 + Q_1(u,v,\varepsilon_1,\varepsilon_2) \end{cases} \quad (3.17)$$

其中，

$$p_0 = -\dfrac{1-c-bc}{1+c+bc}\varepsilon_1, \quad p_{10} = \dfrac{b(1-c-bc)}{2(1+b)} - \dfrac{4c(1+b)^2}{(1+c+bc)^2}\varepsilon_1, \quad p_{01} = -\dfrac{b(1-c-bc)}{2(1+b)},$$

$$p_{20} = \dfrac{c(1+b)(1+2b)-1}{(1+c+bc)} + \dfrac{8c(1+b)^3}{(1+c+bc)^3}\varepsilon_1, \quad p_{11} = -b, \quad q_{10} = \dfrac{b(1-c-bc)}{2(1+b)} + \varepsilon_2,$$

$$q_{01} = -\dfrac{b(1-c-bc)}{2(1+b)} - \varepsilon_2, \quad q_{20} = q_{02} = -b - \dfrac{2(1+b)}{1-c-bc}\varepsilon_2, \quad q_{11} = 2b + \dfrac{4(1+b)}{1-c-bc}\varepsilon_2$$

且 $P_1(u,v,\varepsilon_1,\varepsilon_2)$，$Q_1(u,v,\varepsilon_1,\varepsilon_2)$ 均是关于 (u,v)（至少从三次项开始）和 $(\varepsilon_1,\varepsilon_2)$ 的多项式。

再对系统（3.17）进行变换

$$u_1 = u, \quad v_1 = p_0 + p_{10}u + p_{01}v + p_{20}u^2 + p_{11}uv + P_1(u,v,\varepsilon_1,\varepsilon_2)$$

那么系统（3.17）转化为

$$\begin{cases} \dot{u}_1 = v_1 \\ \dot{v}_1 = k_0 + k_{10}u_1 + k_{01}v_1 + k_{20}u_1^2 + k_{11}u_1v_1 + k_{02}v_1^2 + Q_2(u_1,v_1,\varepsilon_1,\varepsilon_2) \end{cases} \quad (3.18)$$

其中，

$$k_0 = -\frac{b(1-c-bc)^2}{2(1+b)(1+c+bc)}\varepsilon_1 + o(|\varepsilon|^2), \; k_{10} = -\frac{2bc(1+b)(1-c-bc)}{(1+c+bc)^2}\varepsilon_1 + o(|\varepsilon|^2),$$

$$k_{01} = \frac{2(1+b)(3+c+bc)}{(1+c+bc)^2}\varepsilon_1 - \varepsilon_2 + o(|\varepsilon|^2), \; k_{02} = \frac{4(1+b)}{1-c-bc} + \frac{4(1+b)^2}{b(1-c-bc)^2}\varepsilon_2 + o(|\varepsilon|^2),$$

$$k_{20} = -\frac{b(1-c-bc)^2}{2(1+c+bc)} + \frac{2(1+b)[5+4b-c^2(5+8b)(1+b)^2]}{(1+c+bc)^3}\varepsilon_1 - \frac{(1+b)(1-c-bc)}{1+c+bc}\varepsilon_2 +$$

$$o(|\varepsilon|^2)$$

$$k_{11} = \frac{c(1+b)(2+3b)-b-2}{1+c+bc} - \frac{4(1+b)^2[7+4c(1+b)+5c^2(1+b)^2]}{(1-c-bc)(1+c+bc)^3}\varepsilon_1 + o(|\varepsilon|^2)$$

且 $Q_2(u_1, v_1, \varepsilon_1, \varepsilon_2)$ 是关于 (u_1, v_1)（至少从三次项开始）和 $(\varepsilon_1, \varepsilon_2)$ 的多项式。以下 $|\varepsilon|$ 均表示为向量 $(\varepsilon_1, \varepsilon_2)$ 的模。

易知，当 $\varepsilon_1 \to 0, \varepsilon_2 \to 0$ 时，得 $k_{20} \to -\frac{b(1-c-bc)^2}{2(1+c+bc)} < 0$。在 $\varepsilon_1, \varepsilon_2$ 很小的情况下，可以做正则变换

$$u_1 = u_1 + \frac{k_{10}}{2k_{20}}, \; v_2 = v_1$$

则系统（3.18）变为

$$\begin{cases} \dot{u}_2 = v_2 \\ \dot{v}_2 = r_0 + r_1 v_2 + k_{20} u_2^2 + k_{11} u_2 v_2 + k_{02} v_2^2 + Q_3(u_2, v_2, \varepsilon_1, \varepsilon_2) \end{cases} \quad (3.19)$$

其中，

$$r_0 = -\frac{b(1-c-bc)^2}{2(1+b)(1+c+bc)}\varepsilon_1 + o(|\varepsilon|^2),$$

$$r_1 = -\frac{2(1+b)[(1+b)(3+4b)c^2+bc-3]}{(1-c-bc)(1+c+bc)^2}\varepsilon_1 - \varepsilon_2 + o(|\varepsilon|^2)$$

且 $Q_3(u_2, v_2, \varepsilon_1, \varepsilon_2)$ 是关于 (u_2, v_2)（至少从三次项开始）和 $(\varepsilon_1, \varepsilon_2)$ 的多项式。

下面将引入一个新的时间变量 τ 使得 $dt = (1-k_{02}u_2)d\tau$，并且以下均假设

对时间变量的求导是关于 τ 的。我们再将字母 τ 用字母 t 替换回来，系统（3.19）变为

$$\begin{cases} \dot{u}_2 = (1-k_{02}u_2)v_2 \\ \dot{v}_2 = (1-k_{02}u_2)(r_0 + r_1v_2 + k_{20}u_2^2 + k_{11}u_2v_2 + k_{02}v_2^2 + Q_3(u_2,v_2,\varepsilon_1,\varepsilon_2)) \end{cases} \quad (3.20)$$

再令 $u_3 = u_2$，$v_3 = (1-k_{02}u_2)v_2$，那么系统（3.20）转化为

$$\begin{cases} \dot{u}_3 = v_3 \\ \dot{v}_3 = r_0 - 2r_0k_{02}u_3 + r_1v_3 + (k_{20}+r_0k_{02}^2)u_3^2 + (k_{11}-r_1k_{02})u_3v_3 + Q_4(u_3,v_3,\varepsilon_1,\varepsilon_2) \end{cases} \quad (3.21)$$

其中，$Q_4(u_3,v_3,\varepsilon_1,\varepsilon_2)$ 是关于 (u_3,v_3)（至少从三次项开始）和 $(\varepsilon_1,\varepsilon_2)$ 的多项式。

设 $u_4 = u_3 - \dfrac{r_0 k_{02}}{k_{20}+r_0k_{02}^2}$，$v_4 = v_3$，则系统（3.21）变为

$$\begin{cases} \dot{u}_4 = v_4 \\ \dot{v}_4 = \lambda_1 + \lambda_2 v_4 + \lambda_3 u_4^2 + \lambda_4 u_4 v_4 + Q_5(u_4,v_4,\varepsilon_1,\varepsilon_2) \end{cases} \quad (3.22)$$

其中，

$$\lambda_1 = -\frac{b(1-c-bc)^2}{2(1+b)(1+c+bc)}\varepsilon_1 + o(|\varepsilon|^2),$$

$$\lambda_2 = \frac{2[(1+b)^2(1+2b)c^2 + 3bc(1+b) + b - 1]}{(1-c-bc)(1+c+bc)^2}\varepsilon_1 - \varepsilon_2 + o(|\varepsilon|^2),$$

$$\lambda_3 = -\frac{b(1-c-bc)^2}{2(1+c+bc)} + \frac{2(1+b)[5-8bc(1+b) - c^2(5+12b)(1+b)^2]}{(1+c+bc)^3}\varepsilon_1 - \frac{(1+b)(1-c-bc)}{1+c+bc}\varepsilon_2 + o(|\varepsilon|^2),$$

$$\lambda_4 = \frac{c(1+b)(2+3b) - b - 2}{1+c+bc} + \frac{4(1+b)}{1-c-bc}\varepsilon_2 + \frac{4(1+b)^2}{(1-c-bc)(1+c+bc)}$$
$$\left[\frac{2(1+b)(3+4b)c^2 + 2bc - 6}{1-c-bc} - \frac{7+4c(1+b) + 5c^2(1+b)^2}{1+c+bc}\right]\varepsilon_1 + o(|\varepsilon|^2)$$

且 $Q_5(u_4,v_4,\varepsilon_1,\varepsilon_2)$ 是关于 (u_4,v_4)（至少从三次项开始）和 $(\varepsilon_1,\varepsilon_2)$ 的多项式。

注意，当 $(\varepsilon_1, \varepsilon_2) \to (0,0)$ 时，

$$\lambda_1 \to 0, \ \lambda_2 \to 0, \ \lambda_3 \to -\frac{b(1-c-bc)^2}{2(1+c+bc)} < 0 \text{ 且 } \lambda_4 \to \frac{c(1+b)(2+3b)-b-2}{1+c+bc} < 0$$

因此可以做正则变换

$$u_5 = \frac{\lambda_4^2}{\lambda_3} u_4, \ v_5 = \frac{\lambda_4^3}{\lambda_3^2} v_4, \ \tau = \frac{\lambda_3}{\lambda_4} t$$

再将字母 τ 用字母 t 替换回来，此时系统（3.22）变为

$$\begin{cases} \dot{u}_5 = v_5 \\ \dot{v}_5 = \mu_1 + \mu_2 v_5 + u_5^2 + u_5 v_5 + Q_6(u_5, v_5, \varepsilon_1, \varepsilon_2) \end{cases} \quad (3.23)$$

其中，

$$\mu_1 = \frac{4[c(1+b)(2+3b)-b-2]^4}{b^2(1+b)(1+c+bc)^2(1-c-bc)^4} \varepsilon_1 + o(|\varepsilon|^2),$$

$$\mu_2 = -\frac{4[c(1+b)(2+3b)-b-2][(1+b)^2(1+2b)c^2+3b(1+b)c+b-1]}{b(1+c+bc)^2(1-c-bc)^3} \varepsilon_1 +$$

$$\frac{2[c(1+b)(2+3b)-b-2]}{b(1-c-bc)^2} \varepsilon_2 + o(|\varepsilon|^2)$$

且 $Q_6(u_5, v_5, \varepsilon_1, \varepsilon_2)$ 是关于 (u_5, v_5)（至少从三次项开始）和 $(\varepsilon_1, \varepsilon_2)$ 的多项式。

为了说明以上变换均为等价变换，还需要计算 (μ_1, μ_2) 关于 $(\varepsilon_1, \varepsilon_2)$ 的 Jacobi 矩阵。经计算可得

$$\left| \frac{\partial(\mu_1, \mu_2)}{\partial(\varepsilon_1, \varepsilon_2)} \right|_{(\varepsilon_1, \varepsilon_2)=(0,0)} = \left| \begin{array}{cc} \frac{4[c(1+b)(2+3b)-b-2]^4}{b^2(1+b)(1+c+bc)^2(1-c-bc)^4} & 0 \\ -\frac{4[c(1+b)(2+3b)-b-2][c^2(1+2b)(1+b)^2+3bc(1+b)+b-1]}{b(1+c+bc)^2(1-c-bc)^3} & \frac{2[c(1+b)(2+3b)-b-2]}{b(1-c-bc)^2} \end{array} \right|$$

$$= \frac{8[c(1+b)(2+3b)-b-2]^5}{b^3(1+b)(1+c+bc)^2(1-c-bc)^6} < 0$$

这说明当 $(\varepsilon_1, \varepsilon_2)$ 很小的时候，仍有 $\left| \frac{\partial(\mu_1, \mu_2)}{\partial(\varepsilon_1, \varepsilon_2)} \right| < 0$，从而以上变换均是等价变换，这意味着从系统（3.16）到系统（3.23）彼此之间均是等价的。

因此，由文献[40,71]可知结论成立。证毕。

事实上，根据参数 c 的取值范围的不同，定理 3.2.1 中的 Bogdanov-Takens 分岔又可以进一步地分为排斥的 Bogdanov-Takens 分岔和吸引的 Bogdanov-Takens 分岔。具体来说，假设定理 3.2.1 中的其他条件不变，当 $c \in \left(0, \dfrac{2+b}{(1+b)(2+3b)}\right)$ 时，定理 3.2.1 中的分岔为排斥的 Bogdanov-Takens 分岔，此时系统（3.2）在适当的参数条件下有一个不稳定的极限环，而在其他适当的参数条件下将有一个不稳定的同宿环；而当 $c \in \left(\dfrac{2+b}{(1+b)(2+3b)}, \dfrac{1}{1+b}\right)$ 时，定理 3.2.1 中的分岔则为吸引的 Bogdanov-Takens 分岔，此时系统（3.2）在适当的参数条件下有一个稳定的极限环，而在其他适当的参数条件下将有一个稳定的同宿环。

因此，当 $(\varepsilon_1, \varepsilon_2)$ 在 (0,0) 的一个很小的邻域内时，根据文献[13,94]中的 Bogdanov-Takens 分岔定理或本书的引理 2.3.6，可以得到如下的分岔曲线。

定理 3.2.2 （1）系统（3.2）将会发生鞍-结分岔，且其鞍-结分岔曲线为

$$SN = \{(\mu_1, \mu_2) \mid \mu_1 = 0, \mu_2 \neq 0\}$$

（2）系统（3.2）将会发生 Hopf 分岔，且其 Hopf 分岔曲线为

$$H = \{(\mu_1, \mu_2) \mid \mu_2 = \sqrt{-\mu_1}, \mu_1 < 0\}$$

（3）系统（3.2）将会发生同宿轨分岔，且其同宿轨分岔曲线为

$$HL = \{(\mu_1, \mu_2) \mid \mu_2 = \dfrac{5}{7}\sqrt{-\mu_1} + o(\mu_1), \mu_1 < 0\}$$

注 3.2.1 从生物学的角度来说，鞍-结分岔的出现说明当参数穿过它的临界值时，系统（3.2）可能有 0 个、1 个或 2 个内部平衡点，这意味着在适当的参数条件下，对于不同的初值条件系统中的捕食者与被捕食者种群均可以以正平衡点的状态共存；Hopf 分岔或同宿轨分岔的出现则说明系统中将会至少出现一个极限环或同宿轨道，而这意味着在适当的参数条件下，当系统的初值条件在极限环内部或同宿轨道内部的时候，系统中的捕食者与被捕食者种群均可以以正平衡点的形式共存，而当系统的初值条件在极限环上或同宿

轨道上的时候，系统中的捕食者与被捕食者种群则以有限周期的周期解或无限周期的周期解形式共存。

3.2.2 数值模拟

由定理 3.2.1 可知，当参数条件满足定理 3.2.1 中的假设时，系统（3.2）有唯一的非双曲的内部平衡点。而当我们在原点的一个很小的邻域内去取任意的 $(\varepsilon_1, \varepsilon_2)$ 时，系统（3.2）的扰动系统（3.16）将会出现没有内部平衡点、有一个内部平衡点或有两个内部平衡点的情况和各种分岔现象。为了验证上一节中结论的正确性，在这一节中将对定理 3.3.1 里的一些结论进行适当的数值模拟。当取固定的参数值 $(b, c, h, \rho) = (0.400, 0.065, 0.2126, 0.1299)$ 时，易验证它们满足定理 3.3.1 中的条件且 $c \in \left(0, \dfrac{2+b}{(1+b)(2+3b)}\right)$，此时系统（3.2）将发生排斥的余维二的 Bogdanov-Takens 分岔现象。而对于吸引的余维二的 Bogdanov-Takens 分岔，可以进行类似的数值模拟，在此不再重复。

（1）系统（3.2）发生排斥的余维二的 Bogdanov-Takens 分岔图表，如图 3.1 所示。

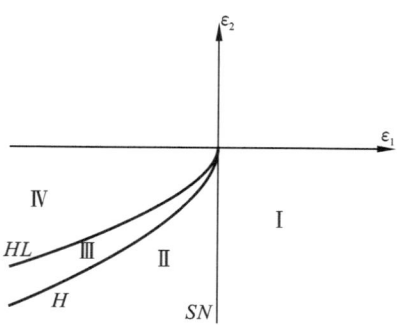

图 3.1　系统（3.23）的分岔图表

（2）取 $(\varepsilon_1, \varepsilon_2) = (0, 0)$ 时，系统（3.2）有唯一的一个非双曲的内部平衡点 $\bar{E} = (0.3246, 0.3246)$，且该平衡点为余维二 Bogdanov-Takens 型尖点，如图 3.2 所示。

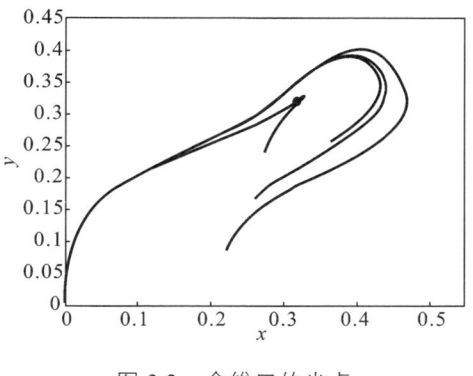

图 3.2 余维二的尖点

（3）取 $(\varepsilon_1, \varepsilon_2) = (0.0043, 0.0299)$ 在区域 I 中时，系统（3.2）无平衡点，如图 3.3 所示。

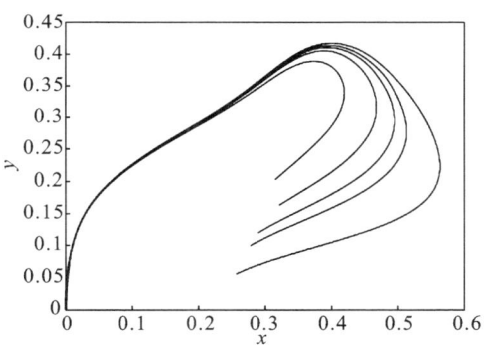

图 3.3 无内部平衡点

（4）取 $(\varepsilon_1, \varepsilon_2) = (-0.0018, -0.0885)$ 在区域 II 中时，系统（3.2）有两个双曲的内部平衡点，其中一个为双曲的鞍点 $E_1 = (0.2888, 0.2888)$，而另一个为双曲的不稳定焦点 $E_2 = (0.3605, 0.3605)$，如图 3.4 所示。

（5）取 $(\varepsilon_1, \varepsilon_2) = (-0.0026, -0.0841)$ 在区域 III 中时，系统（3.2）有两个内部平衡点，其中一个为双曲的鞍点 $E_1 = (0.2815, 0.2815)$，而另一个为非双曲的中心 $E_2 = (0.3677, 0.3677)$，且在其附近系统（3.2）将会发生余维一的 Hopf 分岔现象，从而出现一个不稳定的极限环，如图 3.5 所示。

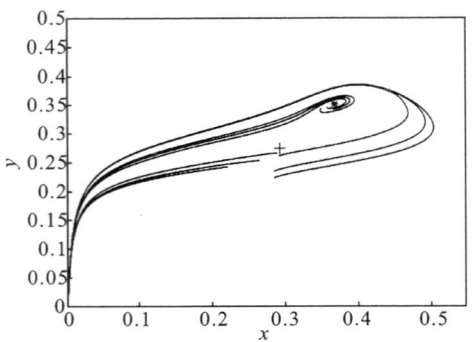

图 3.4 一个鞍点和一个不稳定的焦点

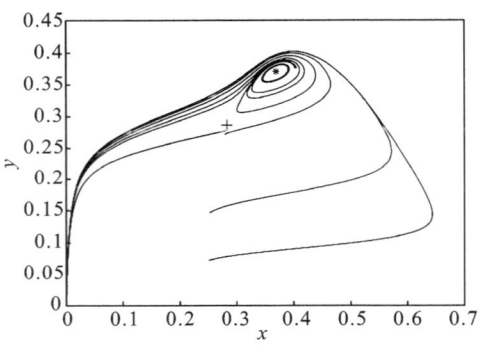

图 3.5 不稳定的极限环

（6）取 $(\varepsilon_1, \varepsilon_2) = (-0.0021, -0.0451)$ 在区域Ⅳ中时，系统（3.2）有两个双曲的内部平衡点，其中一个为双曲的鞍点 $E_1 = (0.2859, 0.2859)$，而另一个为双曲的稳定焦点 $E_2 = (0.3634, 0.3634)$，如图 3.6 所示。

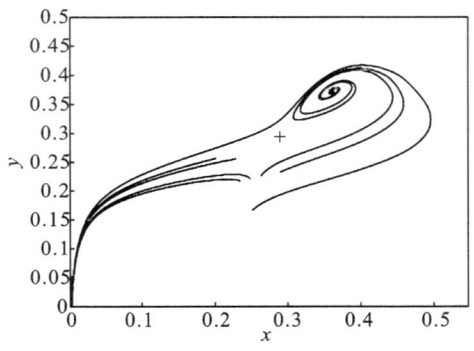

图 3.6 一个鞍点和一个稳定的焦点

3 一类带有非线性被捕食者收割项生物系统的分岔研究

3.3 余维三分岔

由定理 3.1.1（3）可知当 $(h,\rho,c) = \left(\dfrac{4(1+b)}{(2+3b)^2}, \dfrac{b^2}{(1+b)(2+3b)}, \dfrac{2+b}{(1+b)(2+3b)}\right)$ 时，系统（3.2）的唯一内部平衡点 $\overline{E}$ 是一个余维三的非双曲型尖点。因此，系统（3.2）在该平衡点附近可能发生余维三的分岔现象。下面将对系统（3.2）是否发生余维三的 Bogdanov-Takens 分岔现象进行探究，研究结果表明在适当的条件下，系统（3.2）在唯一内部平衡点附近发生了余维三的 Bogdanov-Takens 分岔，从而在定理 3.1.1（3）中该平衡点实际上为余维三的 Bogdanov-Takens 型尖点。

3.3.1 余维三的 Bogdanov-Takens 分岔

关于系统（3.2）在非双曲平衡点 $\overline{E}$ 附近的余维三分岔，有如下的结论成立。

定理 3.3.1 当 $(h,\rho,c) = \left(\dfrac{4(1+b)}{(2+3b)^2}, \dfrac{b^2}{(1+b)(2+3b)}, \dfrac{2+b}{(1+b)(2+3b)}\right)$ 时，系统（3.2）有唯一的一个内部平衡点 $\overline{E} = \left(\dfrac{b}{(1+b)(2+3b)}, \dfrac{b}{(1+b)(2+3b)}\right)$，且该平衡点是一个余维三的 Bogdanov-Takens 型尖点。进一步，如果选择 h, ρ 和 c 作为分岔参数，则当参数 (h,ρ,c) 在 $\left(\dfrac{4(1+b)}{(2+3b)^2}, \dfrac{b^2}{(1+b)(2+3b)}, \dfrac{2+b}{(1+b)(2+3b)}\right)$ 附近的一个小的邻域内进行变化时，系统（3.2）在平衡点 $\overline{E}$ 附近将会发生余维三的 Bogdanov-Takens 分岔。因此，在参数的某些取值条件下系统（3.2）中将会同时出现两个极限环（内部的那个为不稳定的极限环，而外部的那个为稳定的极限环），而当参数在另外的某些取值条件下系统（3.2）中将会同时出现一条稳定的同宿轨环和一条不稳定的极限环。

证明： 定理 3.1.1（3）表明当 $(h,\rho,c) = \left(\dfrac{4(1+b)}{(2+3b)^2}, \dfrac{b^2}{(1+b)(2+3b)}, \dfrac{2+b}{(1+b)(2+3b)}\right)$ 时，系统（3.2）的唯一内部平衡点 $\overline{E}$ 是一个余维三的非双曲型

尖点。

若选择 h, ρ 和 c 作为分岔参数，则对于任意的一个给定的 $b>0$，可令 $(h_0, \rho_0, c_0) = \left(\dfrac{4(1+b)}{(2+3b)^2}, \dfrac{b^2}{(1+b)(2+3b)}, \dfrac{2+b}{(1+b)(2+3b)}\right)$。下面将会通过解析的方法得到系统（3.2）发生余维三 Bogdanov-Takens 分岔的普适开折。在系统（3.2）中取 $(h, \rho, c) = (h_0 + \varepsilon_1, \rho_0 + \varepsilon_2, c_0 + \varepsilon_3)$，即现在将考虑系统（3.2）的一个扰动系统，如式（3.24）所示：

$$\begin{cases} \dot{x} = \left(1 - x - by - \dfrac{h_0 + \varepsilon_1}{c_0 + \varepsilon_3 + x}\right)x \\ \dot{y} = (\rho_0 + \varepsilon_2)y\left(1 - \dfrac{y}{x}\right) \end{cases} \quad (3.24)$$

显然，当令 $\varepsilon_1 = \varepsilon_2 = \varepsilon_3 = 0$ 时，系统（3.24）有一个唯一的内部平衡点 $(\bar{x}, \bar{y})$ 且其是一个余维三的尖点，其中 $(\bar{x}, \bar{y}) = \left(\dfrac{b}{(1+b)(2+3b)}, \dfrac{b}{(1+b)(2+3b)}\right)$。

为了方便问题的讨论，将 $(\bar{x}, \bar{y})$ 平移到原点处，即令 $u = x - \bar{x}$ 且 $v = y - \bar{y}$，则系统（3.24）变成了系统（3.25）：

$$\begin{cases} \dot{u} = a_{00} + a_{10}u + a_{01}v + a_{20}u^2 + a_{11}uv + a_{30}u^3 + a_{40}u^4 + P(u, v, \varepsilon_1, \varepsilon_2, \varepsilon_3) \\ \dot{v} = b_{10}u + b_{01}v + b_{20}u^2 + b_{11}uv + b_{02}v^2 + b_{30}u^3 + b_{21}u^2v + b_{12}uv^2 + \\ \quad\quad b_{40}u^4 + b_{31}u^3v + b_{22}u^2v^2 + Q(u, v, \varepsilon_1, \varepsilon_2, \varepsilon_3) \end{cases} \quad (3.25)$$

其中，

$$a_{00} = -\dfrac{b}{2(1+b)}\varepsilon_1 + \dfrac{b}{2+3b}\varepsilon_3, \quad a_{10} = \dfrac{b^2}{(1+b)(2+3b)} - \dfrac{(2+b)(2+3b)}{4(1+b)}\varepsilon_1 + \varepsilon_3,$$

$$a_{01} = -\dfrac{b^2}{(1+b)(2+3b)}, \quad a_{20} = \dfrac{b}{2} + \dfrac{(2+b)(2+3b)^2}{8(1+b)}\varepsilon_1 - \dfrac{(4+b)(2+3b)}{4}\varepsilon_3,$$

$$a_{11} = -b, \quad a_{30} = -\dfrac{(2+b)(2+3b)}{4} - \dfrac{(2+b)(2+3b)^3}{16(1+b)}\varepsilon_1 + \dfrac{(3+b)(2+3b)^2}{4}\varepsilon_3,$$

$$a_{40} = \frac{(2+b)(2+3b)^2}{8} + \frac{(2+b)(2+3b)^4}{32(1+b)}\varepsilon_1 - \frac{(8+3b)(2+3b)^3}{16}\varepsilon_3,$$

$$b_{10} = -b_{01} = \frac{b^2}{(1+b)(2+3b)} + \varepsilon_2, \quad b_{20} = b_{02} = -\frac{b_{11}}{2} = -b - \frac{(1+b)(2+3b)}{b}\varepsilon_2,$$

$$b_{30} = b_{12} = -\frac{b_{21}}{2} = (1+b)(2+3b) + \frac{(1+b)^2(2+3b)^2}{b^2}\varepsilon_2,$$

$$b_{40} = b_{22} = -\frac{b_{31}}{2} = -\frac{(1+b)^2(2+3b)^2}{b} - \frac{(1+b)^3(2+3b)^3}{b^3}\varepsilon_2$$

且 $P(u,v,\varepsilon_1,\varepsilon_2,\varepsilon_3), Q(u,v,\varepsilon_1,\varepsilon_2,\varepsilon_3)$ 均是关于 (u,v) （至少从五次项开始）和 $(\varepsilon_1,\varepsilon_2,\varepsilon_3)$ 的多项式。

再对系统（3.25）进行变换：

$$u_1 = u, \quad v_1 = a_{00} + a_{10}u + a_{01}v + a_{20}u^2 + a_{11}uv + a_{30}u^3 + a_{40}u^4 + P(u,v,\varepsilon_1,\varepsilon_2,\varepsilon_3)$$

那么系统（3.25）转化为

$$\begin{cases} \dot{u}_1 = v_1 \\ \dot{v}_1 = c_{00} + c_{10}u_1 + c_{01}v_1 + c_{20}u_1^2 + c_{11}u_1v_1 + c_{02}v_1^2 + c_{30}u_1^3 + c_{21}u_1^2v_1 + \\ \qquad c_{12}u_1v_1^2 + c_{40}u_1^4 + c_{31}u_1^3v_1 + c_{22}u_1^2v_1^2 + Q_1(u_1,v_1,\varepsilon_1,\varepsilon_2,\varepsilon_3) \end{cases} \quad (3.26)$$

其中，

$$c_{00} = -a_{00}b_{01} + \frac{a_{00}^2 b_{02}}{a_{01}}, \quad c_{01} = a_{10} + b_{01} - \frac{a_{00}}{a_{01}}(a_{11} + 2b_{02}), \quad c_{02} = \frac{1}{a_{01}}(a_{11} + b_{02}),$$

$$c_{10} = -a_{00}b_{11} - a_{10}b_{01} + a_{01}b_{10} + \frac{a_{00}}{a_{01}}(a_{00}b_{12} + 2a_{10}b_{02}) - \frac{a_{00}^2 a_{11} b_{02}}{a_{01}^2},$$

$$c_{20} = -a_{00}b_{21} - a_{10}b_{11} + a_{01}b_{20} - a_{20}b_{01} + a_{11}b_{10} + \frac{a_{00}}{a_{01}}(a_{00}b_{22} + 2a_{10}b_{12} + 2a_{20}b_{02}) - $$
$$\frac{a_{00}a_{11}}{a_{01}^2}(a_{00}b_{12} + 2a_{10}b_{02}) - \frac{b_{02}}{a_{01}^3}(a_{00}^2 a_{11}^2 + a_{10}^2 a_{01}^2),$$

$$c_{11} = 2a_{20} + b_{11} - \frac{1}{a_{01}}(2a_{00}b_{12} + a_{10}a_{11} + 2a_{10}b_{02}) + \frac{a_{00}a_{11}}{a_{01}^2}(a_{11} + 2b_{02}),$$

$$c_{30} = -a_{00}b_{31} - a_{10}b_{21} + a_{01}b_{30} - a_{20}b_{11} + a_{11}b_{20} - a_{30}b_{01} + \frac{2a_{00}}{a_{01}}(a_{10}b_{22} + a_{20}b_{12} + a_{30}b_{02}) +$$

$$\frac{a_{10}}{a_{01}^2}(a_{10}a_{01}b_{12} - a_{10}a_{11}b_{02} + 2a_{01}a_{20}b_{02}) - \frac{a_{00}a_{11}}{a_{01}^2}(a_{00}b_{22} + 2a_{10}b_{12} + 2a_{20}b_{02}) +$$

$$\frac{a_{00}a_{11}^2}{a_{01}^3}(a_{00}b_{12} + 2a_{10}b_{02}) - \frac{a_{00}^2 a_{11}^3 b_{02}}{a_{01}^4}$$

$$c_{21} = 3a_{30} + b_{21} - \frac{1}{a_{01}}(2a_{00}b_{22} + 2a_{10}b_{12} + 2a_{20}b_{02} + a_{11}a_{20}) - \frac{a_{00}a_{11}^2}{a_{01}^3}(a_{11} + 2b_{02}) +$$

$$\frac{a_{11}}{a_{01}^2}(2a_{00}b_{12} + 2a_{10}b_{02} + a_{10}a_{11}),$$

$$c_{12} = \frac{b_{12}}{a_{01}} - \frac{a_{11}}{a_{01}^2}(a_{11} + b_{02}), \quad c_{22} = \frac{b_{22}}{a_{01}} - \frac{a_{11}b_{12}}{a_{01}^2} + \frac{a_{11}^2}{a_{01}^3}(a_{11} + b_{02}),$$

$$c_{40} = -a_{10}b_{31} + a_{01}b_{40} - a_{20}b_{21} + a_{11}b_{30} - a_{30}b_{11} - a_{40}b_{01} + \frac{2a_{00}}{a_{01}}(a_{20}b_{22} + a_{30}b_{12} + a_{40}b_{02}) +$$

$$\frac{a_{10}}{a_{01}}(a_{10}b_{22} + 2a_{20}b_{12} + 2a_{30}b_{02}) + \frac{a_{20}^2 b_{02}}{a_{01}} - \frac{2a_{00}a_{11}}{a_{01}^2}(a_{10}b_{22} + a_{20}b_{12} + a_{30}b_{02}) -$$

$$\frac{a_{10}a_{11}}{a_{01}^2}(a_{10}b_{12} + 2a_{20}b_{02}) + \frac{a_{00}a_{11}^2}{a_{01}^3}(a_{00}b_{22} + 2a_{10}b_{12} + 2a_{20}b_{02}) + \frac{a_{10}^2 a_{11}^2 b_{02}}{a_{01}^3} -$$

$$\frac{a_{00}a_{11}^3}{a_{01}^4}(a_{00}b_{12} + 2a_{10}b_{02}) + \frac{a_{00}^2 a_{11}^4 b_{02}}{a_{01}^5},$$

$$c_{31} = 4a_{40} + b_{31} - \frac{1}{a_{01}}(2a_{10}b_{22} + 2a_{20}b_{12} + a_{11}a_{30} + 2a_{30}b_{02}) - \frac{a_{11}^2}{a_{01}^3}(2a_{00}b_{12} + a_{10}a_{11} + 2a_{10}b_{02}) +$$

$$\frac{a_{11}}{a_{01}^2}(2a_{00}b_{22} + 2a_{10}b_{12} + a_{20}a_{11} + 2a_{20}b_{02}) + \frac{a_{00}a_{11}^3}{a_{01}^4}(a_{11} + 2b_{02})$$

且 $Q_1(u_1, v_1, \varepsilon_1, \varepsilon_2, \varepsilon_3)$ 是关于 (u_1, v_1)（至少从五次项开始）和 $(\varepsilon_1, \varepsilon_2, \varepsilon_3)$ 的多项式。

接着做变量变换：

$$u_1 = u_2 + \frac{c_{02}}{2}, \quad v_1 = v_2 + c_{02}v_2^2$$

此时系统（3.26）等价于

$$\begin{cases} \dot{u}_2 = v_2 \\ \dot{v}_2 = d_{00} + d_{10}u_2 + d_{01}v_2 + d_{20}u_2^2 + d_{11}u_2v_2 + d_{30}u_2^3 + d_{21}u_2^2v_2 + \\ \qquad d_{12}u_2v_2^2 + d_{40}u_2^4 + d_{31}u_2^3v_2 + d_{22}u_2^2v_2^2 + Q_2(u_2,v_2,\varepsilon_1,\varepsilon_2,\varepsilon_3) \end{cases} \quad (3.27)$$

其中,

$$d_{00} = c_{00}, \; d_{10} = c_{10} - c_{00}c_{02}, \; d_{01} = c_{01}, \; d_{20} = c_{20} + c_{00}c_{02}^2 - \frac{c_{10}c_{02}}{2}, \; d_{11} = c_{11},$$

$$d_{30} = c_{30} - c_{00}c_{02}^3 + \frac{c_{10}c_{02}^2}{2}, \; d_{21} = c_{21} + \frac{c_{11}c_{02}}{2}, \; d_{12} = c_{12} + 2c_{02}^2,$$

$$d_{40} = c_{40} + c_{00}c_{02}^4 + \frac{c_{02}c_{30}}{2} - \frac{c_{10}c_{02}^3}{2}, \; d_{31} = c_{31} + c_{02}c_{21}, \; d_{22} = c_{22} - c_{02}^3 + \frac{3c_{02}c_{12}}{2}$$

且 $Q_2(u_2,v_2,\varepsilon_1,\varepsilon_2,\varepsilon_3)$ 是关于 (u_2,v_2)（至少从五次项开始）和 $(\varepsilon_1,\varepsilon_2,\varepsilon_3)$ 的多项式。

下面再令

$$u_2 = u_3 + \frac{d_{12}}{6}u_3^3, \; v_2 = v_3 + \frac{d_{12}}{2}u_3^2v_3$$

那么系统（3.27）变成了系统（3.28）：

$$\begin{cases} \dot{u}_3 = v_3 \\ \dot{v}_3 = e_{00} + e_{10}u_3 + e_{01}v_3 + e_{20}u_3^2 + e_{11}u_3v_3 + e_{30}u_3^3 + e_{21}u_3^2v_3 + \\ \qquad e_{40}u_3^4 + e_{31}u_3^3v_3 + e_{22}u_3^2v_3^2 + Q_3(u_3,v_3,\varepsilon_1,\varepsilon_2,\varepsilon_3) \end{cases} \quad (3.28)$$

其中,

$$e_{00} = d_{00}, \; e_{10} = d_{10}, \; e_{01} = d_{01}, \; e_{20} = d_{20} - \frac{d_{00}d_{12}}{2}, \; e_{11} = d_{11}, \; e_{30} = d_{30} - \frac{d_{10}d_{12}}{3},$$

$$e_{21} = d_{21}, \; e_{40} = d_{40} - \frac{d_{20}d_{12}}{6} + \frac{d_{00}d_{12}^2}{4}, \; e_{31} = d_{31} + \frac{d_{11}d_{12}}{6}, \; e_{22} = d_{22}$$

且 $Q_3(u_3,v_3,\varepsilon_1,\varepsilon_2,\varepsilon_3)$ 是关于 (u_3,v_3)（至少从五次项开始）和 $(\varepsilon_1,\varepsilon_2,\varepsilon_3)$ 的多项式。

取

$$u_3 = u_4 + \frac{e_{22}}{12}u_4^4, \; v_3 = v_4 + \frac{e_{22}}{3}u_4^3v_4$$

此时，系统（3.28）变为

$$\begin{cases} \dot{u}_4 = v_4 \\ \dot{v}_4 = l_{00} + l_{10}u_4 + l_{01}v_4 + l_{20}u_4^2 + l_{11}u_4v_4 + l_{30}u_4^3 + l_{21}u_4^2v_4 + \\ \qquad l_{40}u_4^4 + l_{31}u_4^3v_4 + Q_4(u_4,v_4,\varepsilon_1,\varepsilon_2,\varepsilon_3) \end{cases} \quad (3.29)$$

其中，

$$l_{00} = e_{00},\ l_{10} = e_{10},\ l_{01} = e_{01},\ l_{20} = e_{20},\ l_{11} = e_{11},\ l_{30} = e_{30} - \frac{e_{00}e_{22}}{3},$$

$$l_{21} = e_{21},\ l_{40} = e_{40} - \frac{e_{10}e_{22}}{4},\ l_{31} = e_{31}$$

且 $Q_4(u_4,v_4,\varepsilon_1,\varepsilon_2,\varepsilon_3)$ 是关于 (u_4,v_4)（至少从五次项开始）和 $(\varepsilon_1,\varepsilon_2,\varepsilon_3)$ 的多项式。

事实上，通过一系列的简单计算，可以得到当 $(\varepsilon_1,\varepsilon_2,\varepsilon_3) \to (0,0,0)$ 时，则有 $l_{20} \to -\dfrac{b^3}{2(1+b)(2+3b)} < 0$ 成立。这意味着在 $\varepsilon_1,\varepsilon_2,\varepsilon_3$ 很小的情况下，变量变换

$$u_4 = u_5 - \frac{l_{30}}{4l_{20}}u_5^2 + \frac{15l_{30}^2 - 16l_{20}l_{40}}{80l_{20}^2}u_5^3,\ v_4 = v_5$$

为正则变换。此时，系统（3.29）变为

$$\begin{cases} \dot{u}_5 = v_5\left(1 + \dfrac{l_{30}}{2l_{20}}u_5 - \dfrac{25l_{30}^2 - 48l_{20}l_{40}}{80l_{20}^2}u_5^2 - \dfrac{35l_{30}^3 - 48l_{20}l_{30}l_{40}}{80l_{20}^3}u_5^3\right) + \\ \qquad v_5 P_5(u_5,v_5,\varepsilon_1,\varepsilon_2,\varepsilon_3) \\ \dot{v}_5 = p_{00} + p_{10}u_5 + p_{01}v_5 + p_{20}u_5^2 + p_{11}u_5v_5 + p_{30}u_5^3 + p_{21}u_5^2v_5 + \\ \qquad p_{40}u_5^4 + p_{31}u_5^3v_5 + Q_5(u_5,v_5,\varepsilon_1,\varepsilon_2,\varepsilon_3) \end{cases} \quad (3.30)$$

其中，

$$p_{00} = l_{00},\ p_{10} = l_{10},\ p_{01} = l_{01},\ p_{20} = l_{20} - \frac{l_{10}l_{30}}{4l_{20}},\ p_{11} = l_{11},\ p_{30} = \frac{l_{30}}{2} - \frac{l_{10}l_{40}}{5l_{20}} + \frac{3l_{10}l_{30}^2}{16l_{20}^2},$$

$$p_{21} = l_{21} - \frac{l_{11}l_{30}}{4l_{20}},\ p_{40} = \frac{3l_{40}}{5} - \frac{5l_{30}^2}{16l_{20}},\ p_{31} = l_{31} + \frac{3l_{11}l_{30}^2}{16l_{20}^2} - \frac{2l_{11}l_{40} + 5l_{21}l_{30}}{10l_{20}}$$

且 $P_5(u_5,v_5,\varepsilon_1,\varepsilon_2,\varepsilon_3)$, $Q_5(u_5,v_5,\varepsilon_1,\varepsilon_2,\varepsilon_3)$ 均是关于 (u_5,v_5)（至少从五次项开始）和 $(\varepsilon_1,\varepsilon_2,\varepsilon_3)$ 的多项式。

接着，将引入一个新的时间变量 τ，使得它满足条件

$$\mathrm{d}\tau = \left(1 + \frac{l_{30}}{2l_{20}}u_5 - \frac{25l_{30}^2 - 48l_{20}l_{40}}{80l_{20}^2}u_5^2 - \frac{35l_{30}^3 - 48l_{20}l_{30}l_{40}}{80l_{20}^3}u_5^3 + P_5(u_5,v_5,\varepsilon_1,\varepsilon_2,\varepsilon_3)\right)\mathrm{d}t$$

并且假设以下对时间变量的求导均是关于 τ 的。为了叙述方便，再将字母 τ 用字母 t 替换回来，此时系统（3.30）变为

$$\begin{cases} \dot{u}_5 = v_5 \\ \dot{v}_5 = q_{00} + q_{10}u_5 + q_{01}v_5 + q_{20}u_5^2 + q_{11}u_5v_5 + q_{30}u_5^3 + q_{21}u_5^2v_5 + \\ \qquad q_{40}u_5^4 + q_{31}u_5^3v_5 + Q_6(u_5,v_5,\varepsilon_1,\varepsilon_2,\varepsilon_3) \end{cases} \quad (3.31)$$

其中，

$$q_{00} = l_{00}, \quad q_{10} = l_{10} - \frac{l_{00}l_{30}}{2l_{20}}, \quad q_{01} = l_{01}, \quad q_{20} = l_{20} - \frac{60l_{10}l_{20}l_{30} - 45l_{00}l_{30}^2 + 48l_{00}l_{20}l_{40}}{80l_{20}^2},$$

$$q_{11} = l_{11} - \frac{l_{01}l_{30}}{2l_{20}}, \quad q_{30} = \frac{l_{10}(35l_{30}^2 - 32l_{20}l_{40})}{40l_{20}^2}, \quad q_{21} = l_{21} - \frac{60l_{11}l_{20}l_{30} - 45l_{01}l_{30}^2 + 48l_{01}l_{20}l_{40}}{80l_{20}^2},$$

$$q_{21} = -\frac{l_{10}l_{30}(15l_{30}^2 - 16l_{20}l_{40})}{64l_{20}^3} - \frac{l_{00}(275l_{30}^4 + 1440l_{20}l_{30}^2l_{40} - 2304l_{20}^2l_{40}^2)}{6400l_{20}^4},$$

$$q_{31} = l_{31} + \frac{7l_{11}l_{30}^2}{8l_{20}^2} - \frac{4l_{11}l_{40} + 5l_{21}l_{30}}{5l_{20}}$$

且 $Q_6(u_5,v_5,\varepsilon_1,\varepsilon_2,\varepsilon_3)$ 是关于 (u_5,v_5)（至少从五次项开始）和 $(\varepsilon_1,\varepsilon_2,\varepsilon_3)$ 的多项式。

根据前面关于 q_{20} 的表达式，经过直接的计算可知当 $(\varepsilon_1,\varepsilon_2,\varepsilon_3) \to (0,0,0)$ 时有 $q_{20} \to -\dfrac{b^3}{2(1+b)(2+3b)} < 0$ 成立。因此，当 $(\varepsilon_1,\varepsilon_2,\varepsilon_3)$ 在 $(0,0,0)$ 一个小的邻域内时，可做正则变换

$$u_5 = u_6, \quad v_5 = v_6 + \frac{q_{21}}{3q_{20}}v_6^2 + \frac{q_{21}^2}{36q_{20}^2}v_6^3$$

则系统（3.31）变为

$$\begin{cases} \dot{u}_6 = v_6\left(1 + \dfrac{q_{21}}{3q_{20}}v_6 + \dfrac{q_{21}^2}{36q_{20}^2}v_6^2\right) \\ \dot{v}_6 = \alpha_{00} + \alpha_{10}u_6 + \alpha_{01}v_6 + \alpha_{20}u_6^2 + \alpha_{11}u_6v_6 + \alpha_{02}v_6^2 + \alpha_{30}u_6^3 + \\ \qquad \alpha_{21}u_6^2v_6 + \alpha_{12}u_6v_6^2 + \alpha_{03}v_6^3 + \alpha_{40}u_6^4 + \alpha_{31}u_6^3v_6 + \alpha_{22}u_6^2v_6^2 + \\ \qquad \alpha_{13}u_6v_6^3 + \alpha_{04}v_6^4 + Q_7(u_6,v_6,\varepsilon_1,\varepsilon_2,\varepsilon_3) \end{cases} \qquad (3.32)$$

其中，

$$\alpha_{00} = q_{00},\ \alpha_{10} = q_{10},\ \alpha_{01} = q_{01} - \dfrac{2q_{00}q_{21}}{3q_{20}},\ \alpha_{20} = q_{20},\ \alpha_{11} = q_{11} - \dfrac{2q_{10}q_{21}}{3q_{20}},$$

$$\alpha_{02} = -\dfrac{q_{01}q_{21}}{3q_{20}} + \dfrac{13q_{00}q_{21}^2}{36q_{20}^2},\ \alpha_{30} = q_{30},\ \alpha_{21} = \dfrac{q_{21}}{3},\ \alpha_{12} = -\dfrac{q_{11}q_{21}}{3q_{20}} + \dfrac{13q_{10}q_{21}^2}{36q_{20}^2},$$

$$\alpha_{03} = \dfrac{q_{01}q_{21}^2}{6q_{20}^2} - \dfrac{5q_{00}q_{21}^3}{27q_{20}^3},\ \alpha_{40} = q_{40},\ \alpha_{31} = q_{31} - \dfrac{2q_{21}q_{30}}{3q_{20}},\ \alpha_{22} = \dfrac{q_{21}^2}{36q_{20}},$$

$$\alpha_{13} = \dfrac{q_{11}q_{21}^2}{6q_{20}^2} - \dfrac{5q_{10}q_{21}^3}{27q_{20}^3},\ \alpha_{04} = -\dfrac{q_{01}q_{21}^3}{12q_{20}^3} + \dfrac{121q_{00}q_{21}^4}{1296q_{20}^4}.$$

且 $Q_7(u_6,v_6,\varepsilon_1,\varepsilon_2,\varepsilon_3)$ 是关于 (u_6,v_6)（至少从五次项开始）和 $(\varepsilon_1,\varepsilon_2,\varepsilon_3)$ 的多项式。

接着，将再次引入一个新的时间变量 τ，使得它满足条件

$$\tau = \left(1 + \dfrac{q_{21}}{3q_{20}}v_6 + \dfrac{q_{21}^2}{36q_{20}^2}v_6^2\right)\mathrm{d}t$$

此时，系统（3.32）变为

$$\begin{cases} u_6' = v_6 \\ v_6' = \beta_{00} + \beta_{10}u_6 + \beta_{01}v_6 + \beta_{20}u_6^2 + \beta_{11}u_6v_6 + \beta_{31}u_6^3v_6 + Q_8(u_6,v_6,\varepsilon_1,\varepsilon_2,\varepsilon_3) \end{cases} \qquad (3.33)$$

其中 x' 表示空间变量 x 对时间变量 τ 的求导且

$$\beta_{00} = q_{00},\ \beta_{10} = q_{10},\ \beta_{01} = q_{01} - \dfrac{q_{00}q_{21}}{q_{20}},\ \beta_{20} = q_{20},\ \beta_{11} = q_{11} - \dfrac{q_{10}q_{21}}{q_{20}},\ \beta_{31} = q_{31},$$

$$Q_8(u_6,v_6,\varepsilon_1,\varepsilon_2,\varepsilon_3) = v_6^2 O(|u_6,v_6|^2) + O(|u_6,v_6|^5) + O(\varepsilon^2)O(|u_6,v_6|) + \\ O(\varepsilon)(O(v_6^2) + O(|u_6,v_6|^3))$$

需要注意的是，当 $(\varepsilon_1,\varepsilon_2,\varepsilon_3) \to (0,0,0)$ 时有

$$\beta_{20} \to -\frac{b^3}{2(1+b)(2+3b)} < 0, \quad \beta_{31} \to -\frac{(2+3b)^2(b^2+8b+8)}{8b} < 0$$

成立。因此，当 $(\varepsilon_1,\varepsilon_2,\varepsilon_3)$ 很小时，可做如下的正则变换

$$u_6 = -\beta_{20}^{\frac{1}{5}}\beta_{31}^{-\frac{2}{5}}u_7, \quad v_6 = -\beta_{20}^{\frac{4}{5}}\beta_{31}^{-\frac{3}{5}}v_7$$

则系统（3.33）变为

$$\begin{cases} u_7' = v_7 \\ v_7' = \gamma_{00} + \gamma_{10}u_7 + \gamma_{01}v_7 - u_7^2 + \gamma_{11}u_7v_7 - u_7^3v_7 + Q_9(u_7,v_7,\varepsilon_1,\varepsilon_2,\varepsilon_3) \end{cases} \quad (3.34)$$

其中，$\gamma_{00} = -\beta_{00}\beta_{20}^{-\frac{7}{5}}\beta_{31}^{\frac{4}{5}}$，$\gamma_{10} = \beta_{10}\beta_{20}^{-\frac{6}{5}}\beta_{31}^{\frac{2}{5}}$，$\gamma_{01} = \beta_{01}\beta_{20}^{-\frac{3}{5}}\beta_{31}^{\frac{1}{5}}$，$\gamma_{11} = -\beta_{11}\beta_{20}^{-\frac{2}{5}}\beta_{31}^{-\frac{1}{5}}$，且 $Q_9(u_7,v_7,\varepsilon_1,\varepsilon_2,\varepsilon_3)$ 与 $Q_8(u_6,v_6,\varepsilon_1,\varepsilon_2,\varepsilon_3)$ 具有相同的性质。

最后，做变量变换

$$u_8 = u_7 - \gamma_{10}/2, \quad v_8 = v_7$$

则此时系统（3.34）变为

$$\begin{cases} u_8' = v_8 \\ v_8' = \lambda_1 + \lambda_2 v_8 + \lambda_3 u_8 v_8 - u_8^2 - u_8^3 v_8 + Q_{10}(u_8,v_8,\varepsilon_1,\varepsilon_2,\varepsilon_3) \end{cases} \quad (3.35)$$

其中，

$$\lambda_1 = \gamma_{00} + \frac{\gamma_{10}^2}{4}$$

$$= -\frac{(2+3b)^2(b^2+8b+8)^{\frac{4}{5}}}{4b^2(1+b)^{\frac{3}{5}}}\varepsilon_1 +$$

$$\frac{(2+3b)(1+b)^{\frac{2}{5}}(b^2+8b+8)^{\frac{4}{5}}}{2b^2}\varepsilon_3 + o(|\varepsilon|^2)$$

$$\lambda_2 = \gamma_{01} + \frac{\gamma_{10}\gamma_{11}}{2} - \frac{\gamma_{10}^3}{8}$$

$$= \frac{(2+b)(2+3b)^2(b^2+8b+8)^{\frac{1}{5}}}{2b^2(1+b)^{\frac{2}{5}}}\varepsilon_1 -$$

$$\frac{(2+3b)(1+b)^{\frac{3}{5}}(b^2+8b+8)^{\frac{1}{5}}}{b^2}\varepsilon_2 -$$

$$\frac{(2+3b)(4+3b)(1+b)^{\frac{3}{5}}(b^2+8b+8)^{\frac{1}{5}}}{2b^2}\varepsilon_3 + o(|\varepsilon|^2)$$

$$\lambda_3 = \gamma_{11} - \frac{3\gamma_{10}^2}{4}$$

$$= -\frac{(8+b)(2+3b)^2(1+b)^{\frac{2}{5}}}{b^2(b^2+8b+8)^{\frac{1}{5}}}\varepsilon_1 + \frac{(2+b)(2+3b)^{\frac{3}{5}}(1+b)^{\frac{2}{5}}}{b^2(b^2+8b+8)^{\frac{1}{5}}}\varepsilon_2 +$$

$$\frac{(2+3b)(4+3b)(6+5b)(1+b)^{\frac{2}{5}}}{4b^2(b^2+8b+8)^{\frac{1}{5}}}\varepsilon_3 + o(|\varepsilon|^2)$$

且 $Q_{10}(u_8, v_8, \varepsilon_1, \varepsilon_2, \varepsilon_3)$ 与 $Q_8(u_6, v_6, \varepsilon_1, \varepsilon_2, \varepsilon_3)$ 具有相同的性质。

事实上，经过适当的计算可得

$$\left|\frac{\partial(\lambda_1, \lambda_2, \lambda_3)}{\partial(\varepsilon_1, \varepsilon_2, \varepsilon_3)}\right|_{(\varepsilon_1,\varepsilon_2,\varepsilon_3)=(0,0,0)}$$

$$= \begin{vmatrix} -\dfrac{(2+3b)^2(b^2+8b+8)^{\frac{4}{5}}}{4b^2(1+b)^{\frac{3}{5}}} & 0 & \dfrac{(2+3b)(1+b)^{\frac{2}{5}}(b^2+8b+8)^{\frac{4}{5}}}{2b^2} \\ \dfrac{(2+b)(2+3b)^2(b^2+8b+8)^{\frac{1}{5}}}{2b^2(1+b)^{\frac{2}{5}}} & -\dfrac{(2+3b)(1+b)^{\frac{3}{5}}(b^2+8b+8)^{\frac{1}{5}}}{b^2} & -\dfrac{(2+3b)(4+3b)(1+b)^{\frac{3}{5}}(b^2+8b+8)^{\frac{1}{5}}}{2b^2} \\ -\dfrac{(8+b)(2+3b)^2(1+b)^{\frac{2}{5}}}{b^2(b^2+8b+8)^{\frac{1}{5}}} & \dfrac{(2+b)(2+3b)(1+b)^{\frac{2}{5}}}{2b^2(b^2+8b+8)^{\frac{1}{5}}} & \dfrac{(2+b)(4+3b)(6+5b)(1+b)^{\frac{2}{5}}}{4b^2(b^2+8b+8)^{\frac{1}{5}}} \end{vmatrix}$$

$$= \frac{1}{8b^6}(2+3b)^3(1+b)^{\frac{2}{5}}(b^2+8b+8)^{\frac{4}{5}}(11b^2+54b+44) > 0$$

这说明当 $(\varepsilon_1,\varepsilon_2,\varepsilon_3)$ 很小的时候，仍有 $\left|\dfrac{\partial(\lambda_1,\lambda_2,\lambda_3)}{\partial(\varepsilon_1,\varepsilon_2,\varepsilon_3)}\right|>0$ 成立，从而以上变换均是等价变换，这意味着从系统（3.24）到系统（3.35）彼此之间均是等价的。

而由 Chow，Li 和 Wang 在文献[28]中的结果或者 Dumortier, Roussarie 和 Sotomayor 在文献[31]中的结论，我们可知系统（3.35）为余维三的 Bogdanov-Takens 奇点的普适开折且余项 $Q_{10}(u_8,v_8,\varepsilon_1,\varepsilon_2,\varepsilon_3)$ 对分岔现象没有影响。因此，结论成立。证毕。

注 3.3.1 由定理 3.1.1 和定理 3.3.1 可知，当用来捕获生物种群的个体努力程度 c 达到某个临界值时，系统（3.2）将会发生余维三的 Bogdanov-Takens 分岔。因而，在某些参数条件下系统（3.2）中将会同时出现一条同宿轨环和一条极限环（或同时出现两个极限环）。这意味着在适当的参数条件下，对于系统（3.2）中任意的初值条件而言，若其在极限环内部或同宿轨道内部的，系统中的捕食者与被捕食者种群最终均可以以正平衡点的形式共存，而若其在极限环上或同宿轨道上，则系统中的捕食者与被捕食者种群均以有限周期的周期解或无限周期的周期解形式共存。

3.3.2 数值模拟

由于系统（3.24）与系统（3.35）之间均是等价的，下面只需对系统（3.35）进行数值模拟即可。易知，当 $\lambda_1<0$ 时系统（3.35）没有平衡点，当 $\lambda_1=0$ 时得到了系统（3.35）发生鞍-结分岔的分岔平面，而当 $\lambda_1>0$ 时系统（3.35）有两个平衡点：一个为鞍点，另一个为结点或焦点。因此，其他的分岔平面将均会落在半空间 $\lambda_1>0$ 上。事实上，系统（3.35）在 $(\lambda_1,\lambda_2,\lambda_3)=(0,0,0)$ 附近的分岔图表具有锥形结构。为了更好地描述分岔图表的结构，将画出它与如下半空间的交集

$$S=\{(\lambda_1,\lambda_2,\lambda_3)\mid \lambda_1^2+\lambda_2^2+\lambda_3^2=\delta^2,\ \lambda_1\geqslant 0,\ \delta>0 \text{ 且充分小}\}$$

为了更加清晰地看出它们的相交轨迹，给出它们的相交轨迹在平面 $\lambda_2\text{-}\lambda_3$ 上的投影，如图 3.7 所示。

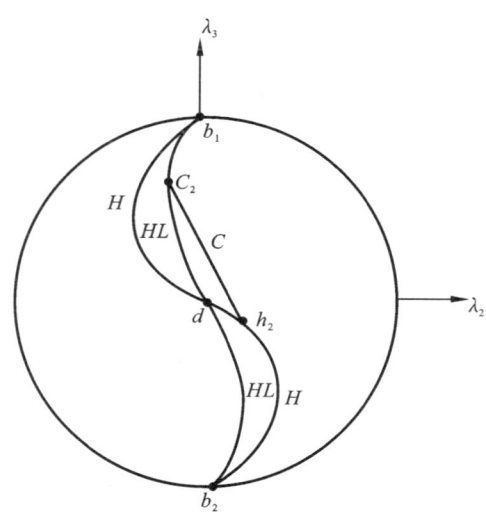

图 3.7 余维三的 B-T 分岔在 λ_2-λ_3 平面上的分岔图表

从图 3.7 中可以看出，S 中有 3 条分岔曲线，它们分别是 H：Hopf 分岔曲线；HL：同宿轨分岔曲线；C：极限环的鞍-结分岔曲线。

在曲线 H 附近，系统将会发生余维一的 Hopf 分岔，具体来说当参数从左到右穿过曲线 H 上的弧线 b_1h_2 时，系统将会发生余维一的亚临界 Hopf 分岔，所以此时系统中将会出现一个不稳定的极限环，而当参数从右到左穿过曲线 H 上的弧线 h_2b_2 时，系统将会发生余维一的超临界 Hopf 分岔，此时系统中将会出现一个稳定的极限环。点 h_2 对应着退化的 Hopf 分岔即余维二的 Hopf 分岔。在曲线 HL（不包括点 c_2）附近，系统将会发生余维一的同宿轨分岔，即当参数从右到左穿过曲线 HL 上的弧线 b_1c_2 时，鞍点的两条分离线将会重合，从而系统中将会出现一个不稳定的同宿轨环，同理当参数从左到右穿过曲线 HL 上的弧线 c_2b_2 时，鞍点的两条分离线将会重合，从而系统中将会出现一个稳定的同宿轨环。而点 c_2 对应着余维二的同宿轨分岔。曲线 H 与曲线 HL 的横截焦点 d 表示当参数去此处值时，系统将会同时发生余维一的 Hopf 分岔和余维一的同宿轨分岔。而当参数值在形如三角形的 dh_2c_2 中时，系统中将会同时出现两个极限环，里面的为不稳定极限环，而外面的为稳定的极限环。当参数从左到右穿过曲线 C 时这两个极限环将会消失，而当参数在曲线 C 上时这两个极限环将会合并成一个半稳定的极限环,因而这也可以看成是某种意义下的极限环的鞍-结分岔现象。有关余维三的 Bogdanov-Takens 分岔更加详细的介绍,感兴趣的可以参看文献[15, 28, 31]。

为了验证以上理论知识的正确性,可以取如下固定的参数值 $(b,c,h,\rho) = (0.693\,72, 0.3897, 0.4068, 0.0696)$,易验证它们满足定理 3.4.1 中的条件。

(1)当取 $(\varepsilon_1, \varepsilon_2, \varepsilon_3) = (0,0,0)$ 时,系统(3.2)有唯一的一个非双曲的内部平衡点 $\overline{E} = (0.1004, 0.1004)$,且其为余维三的 Bogdanov-Takens 型尖点,如图 3.8 所示。

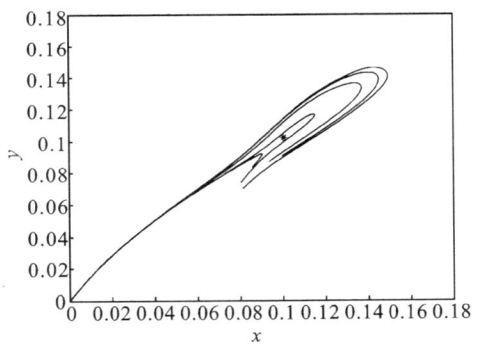

图 3.8 余维三的尖点

(2)当取 $(\varepsilon_1, \varepsilon_2, \varepsilon_3) = (-0.0079, 0.0102, -0.0048)$ 时,系统(3.2)有两个双曲的内部平衡点,其中一个为双曲的鞍点 $E_1 = (0.0546, 0.0546)$,而另一个为双曲的稳定焦点 $E_2 = (0.1509, 0.1509)$,如图 3.9 所示。

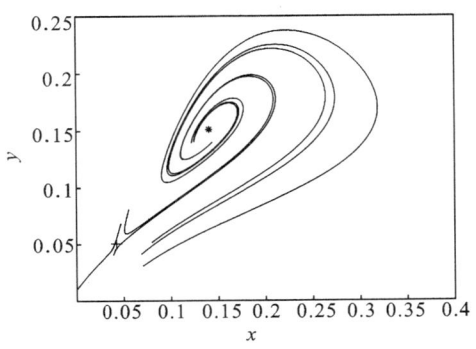

图 3.9 一个鞍点和一个稳定的焦点

（3）当取 $(\varepsilon_1, \varepsilon_2, \varepsilon_3) = (-0.0093, -0.0092, -0.0078)$ 时，系统（3.2）有两个双曲的内部平衡点，其中一个为双曲的鞍点 $E_1 = (0.0632, 0.0632)$，而另一个为双曲的不稳定焦点 $E_2 = (0.1453, 0.1453)$ 且此时系统有一个稳定的极限环，如图 3.10 所示。

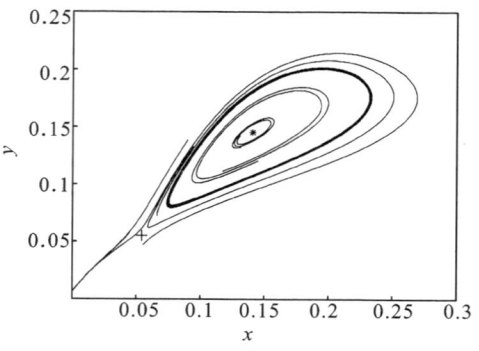

图 3.10 稳定的极限环

（4）当取 $(\varepsilon_1, \varepsilon_2, \varepsilon_3) = (-0.009, -0.016\,995\,6, -0.006)$ 时，系统（3.2）有两个双曲的内部平衡点，其中一个为双曲的鞍点 $E_1 = (0.0545, 0.0545)$，而另一个为双曲的不稳定焦点 $E_2 = (0.1522, 0.1522)$ 且此时系统有一个稳定的同宿轨环，如图 3.11 所示。

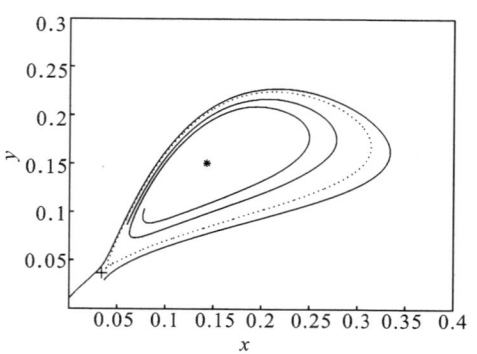

图 3.11 内部不稳定的同宿轨环

（5）当取 $(\varepsilon_1, \varepsilon_2, \varepsilon_3) = (-0.0079, -0.0207, -0.0058)$ 时，系统（3.2）有两个双曲的内部平衡点，其中一个为双曲的鞍点 $E_1 = (0.0605, 0.0605)$，而另一个为双

曲的不稳定焦点 $E_2 = (0.1460, 0.1460)$，如图 3.12 所示。

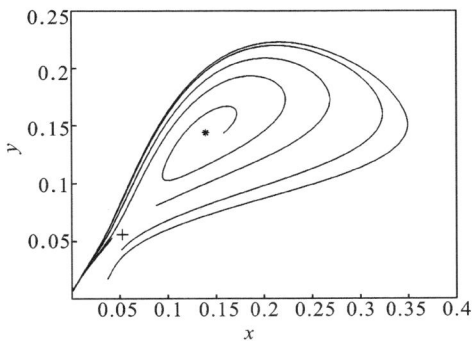

图 3.12 一个鞍点和一个不稳定的焦点

（6）当取 $(\varepsilon_1, \varepsilon_2, \varepsilon_3) = (-0.0086, -0.0139, -0.0057)$ 时，系统（3.2）有两个双曲的内部平衡点，其中一个为双曲的鞍点 $E_1 = (0.0553, 0.0553)$，而另一个为双曲的稳定焦点 $E_2 = (0.1511, 0.1511)$ 且此时系统有两个极限环，其中吸引的极限环包围着排斥的极限环，如图 3.13 所示。

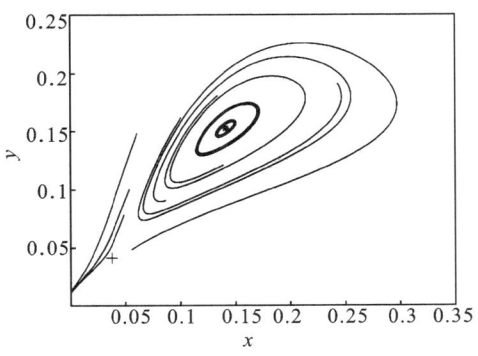

图 3.13 同时出现两个极限环

从以上的数值模拟，我们不难看出系统在唯一内部平衡点 $\bar{E}$ 附近有着丰富的动力学性态。

3.4 本章小结

在本章中，探究了一类带有非线性 Michaelis-Menten 型被捕食者收割项的 Leslie-Gower 捕食者与被捕食者模型。在文献[45]的基础上，利用平面动力系统的定性理论以及分岔理论，对系统（3.2）在其唯一内部平衡点 $\bar{E}=(\bar{x},\bar{y})$ 附近的动力学性态做了进一步的更加完整的分析。结果表明在适当的参数条件下，系统（3.2）在该平衡点附近将会出现余维二的甚至余维三的 Bogdanov-Takens 分岔（尖点型）现象。因而，系统（3.2）中出现了许多有意思的动力学现象，比如系统中将会同时出现两个极限环、极限环和同宿轨环同时出现以及极限环包围着一个重数为一的多重焦点等。

事实上，在文献[56]中，Hsu 和 Huang 利用构造的 Liapunov 函数和 LaSalle's 不变原理证明了 Leslie-Gower 捕食者与被捕食者模型在无被捕食者收割项时，其唯一的内部平衡点是全局渐进稳定，从而系统不会出现复杂的分岔现象。而在文章[51, 129]中，作者给出了当 Leslie-Gower 捕食者与被捕食者模型在有常值的被捕食者收割项时，系统将会出现至多余维二的 Bogdanov-Takens 分岔。

因此，与文献[51, 56, 129]中的研究结果作一个横向的比较，不难发现在 Leslie-Gower 捕食者与被捕食者模型中，对被捕食者不进行收割或进行比例收割或进行常值收割时系统均不会出现本章中的复杂的动力学性态。这说明带有 Michaelis-Menten 型被捕食者收割项的 Leslie-Gower 捕食者与被捕食者模型有着丰富的动力学性态。具体来说，系统（3.2）的平衡点类型可以是鞍点、结点、中心、鞍-结点、弱中心、余维二和余维三的尖点，并且系统（3.2）将可能出现许多复杂的分岔现象，比如鞍-结分岔、余维一的超临界或亚临界 Hopf 分岔、退化的 Hopf 分岔、排斥的或吸引的余维二的 Bogdanov-Takens 分岔、同宿轨分岔以及余维三的 Bogdanov-Takens 分岔等。

4

一类对捕食者进行
非线性收割的生物
系统的分岔研究

人类为了自身的生活或经济利益，在日常的生产活动中往往需要对自然资源进行开采和利用。对于可利用的生物种群资源来说，人们会对有助于自身发展的种群进行某种形式的合理捕获即所谓的收割。众所周知，在实际的收割过程中，收割量不仅与生物种群的数量有关，而且还与人类自身的努力程度（如收割工具的先进与否、收割时间的长短以及收割者自身的能力等）有密切的关系。在已有的几种收割方式中，基于非线性的 Michaelis-Menten 型收割对生物种群数量以及个体对种群进行收割的努力程度都有一定的饱和作用，所以在对含有收割项的生物系统进行研究时，选择 Michaelis-Menten 型收割将会更加符合实际情况。

基于本书第 3 章的研究内容，在这一章中将研究一类带有非线性的 Michaelis-Menten 型捕食者收割项的 Leslie-Gower 捕食者与被捕食者模型。与第 3 章的研究结果不同，这一章的结果表明，在某些情形下系统的最大收割率 h_{MSY} 的大小，将依赖于由被捕食者提供给捕食者用来提高捕食者出生率的食物的质量。

因此，在本章将会研究当系统（1.3）中的收割项 $h(y)$ 取非线性形式时，即取 Michaelis-Menten 型收割项时的情形。具体来说，本章将分析系统（4.1）：

$$\begin{cases} \dot{x} = x\left(r - \dfrac{rx}{K} - ay\right) \\ \dot{y} = sy\left(1 - \dfrac{y}{nx}\right) - \dfrac{qEy}{m_1 E + m_2 y}, & \text{若 } (x,y) \neq (0,0) \\ \dot{y} = 0, & \text{若 } (x,y) = (0,0) \end{cases} \quad (4.1)$$

以上各参数的实际生物意义与系统（1.3）中的一样，在此不再赘述。为了计算方便，对系统（4.1）做如下的伸缩变化，令

$$\tau = st,\ u = x/K,\ v = ay/r$$

然后再将字母 (u,v,τ) 用 (x,y,t) 替换，此时系统（4.1）等价于系统（4.2）：

4 一类对捕食者进行非线性收割的生物系统的分岔研究

$$\begin{cases} \dot{x} = \gamma x(1-x-y) \\ \dot{y} = y\left(1-\dfrac{\alpha y}{x}\right) - \dfrac{hy}{c+y}, & \text{若 } (x,y) \neq (0,0) \\ \dot{y} = 0, & \text{若 } (x,y) = (0,0) \end{cases} \quad (4.2)$$

其中，$\alpha = r/(anK)$，$h = aqE/(m_2 rs)$，$c = am_1 E/(m_2 r)$ 且 $\gamma = r/s$ 均是正数。

在本章的以下内容中将分别讨论系统（4.2）的平衡点的存在性及其定性性质，并重点研究系统在平衡点附近的分岔行为。在本书中会给出一个收割常数，它的大小决定着对生物种群的收割是否会造成系统的崩溃，即所谓的最大收割率。当收割量超过最大收割时系统就会遭到破坏，为了保护生物种群的多样性，要求对生物种群的收割量应小于这个临界值。当收割小于这个临界值时系统将会出现最多 5 个平衡点，利用第 2 章的知识发现，这些平衡点可以是鞍点、稳定或不稳定的结点、稳定或不稳定的焦点、中心、余维一的鞍-结点、余维二的非双曲结点以及余维二或者余维三的尖点。并通过动力系统的相关分岔理论，如 Sotomayor 定理、规范型理论等探究了系统在各个平衡点附近的分岔现象，如鞍-结分岔、跨临界分岔、音叉分岔、超临界或亚临界的 Hopf 分岔以及余维二的 Bogdanov-Takens 分岔等。

下面将详细研究系统（4.2）的定性问题及其分岔问题。

4.1 平衡点的存在性

根据实际的生物意义，以下对系统（4.2）的研究均限制在

$$\varOmega = \{(x,y)\,|\,x \geqslant 0, y \geqslant 0\}$$

下面将首先证明关于系统（4.2）的一些基本性质，如解的有界性以及系统的一致持续性等。为了得到这些结论，将会用到如下的一个引理和定义。

引理 4.1.1[20] 如果 $a,b > 0$ 且 $\dfrac{\mathrm{d}X}{\mathrm{d}t} \leqslant (\geqslant) X(t)(a - bX(t))$ 满足初值条件 $X(0) > 0$，那么有

$$\limsup_{t\to+\infty} X(t) \leqslant \frac{a}{b} \left(\liminf_{t\to+\infty} X(t) \geqslant \frac{a}{b} \right)$$

成立。

定义 4.1.1[95] 如果存在两个正数 ω_1 和 ω_2，使得对于系统（4.2）的任意满足初值条件 $(x(0), y(0)) \in \text{Int}\Omega$ 的正解 $(x(t), y(t))$ 均有以下不等式成立

$$\min\{\liminf_{t\to+\infty} x(t), \liminf_{t\to+\infty} y(t)\} \geqslant \omega_1 \text{ 且 } \max\{\limsup_{t\to+\infty} x(t), \limsup_{t\to+\infty} y(t)\} \leqslant \omega_2$$

则称系统（4.2）具有一致持续性。

关于系统（4.2）的基本性质，结合引理 4.1.1 和定义 4.1.1 有如下的结果。

性质 4.1.1 （1）集合 Ω 为系统（4.2）的一个正不变集；

（2）对于任意的 $t \geqslant 0$，系统（4.2）的任意满足初值条件 $(x(0), y(0)) \in \text{Int}\Omega$ 的正解 $(x(t), y(t))$ 均有界；

（3）当 $\alpha > 1$ 且 $c > h$ 时，系统（4.2）具有一致持续性。

证明：（1）假设 $\tilde{x}(t)$ 为方程 $\dot{x} = \gamma x(1-x)$ 的一个解且令 $\tilde{y}(t) \equiv 0$。容易验证 $(\tilde{x}(t), \tilde{y}(t))$ 为系统（4.2）的一个解。这意味着 x 轴为系统（4.2）的一个不变集。又根据 Leslie-Gower 项的定义可知当 $x = 0$ 时，有 $y = 0$。这说明系统（4.2）的任意初值在第一象限的解均不会穿过 y 轴而进入第二象限。因此，Ω 为系统（4.2）的一个正不变集。结论得证。

（2）由系统（4.2）中的第一个方程可知

$$\dot{x} = \gamma x(1-x-y) \leqslant \gamma x(1-x)$$

所以由引理 4.1.1 得到 $\limsup_{t\to+\infty} x(t) \leqslant 1$。因而对于任意的 $t \geqslant 0$，存在一个正常数 M_1 使得 $x(t) \leqslant M_1$ 成立。

再由系统（4.2）中的第二个方程可知

$$\dot{y} = y\left(1 - \frac{\alpha y}{x}\right) - \frac{hy}{c+y} \leqslant y\left(1 - \frac{\alpha y}{M_1}\right)$$

所以由引理 4.1.1 得到 $\limsup_{t\to+\infty} y(t) \leqslant M_1/\alpha$。因而对于任意的 $t \geqslant 0$，存在一个

正常数 M_2 使得 $y(t) \leq M_2$ 成立。因此结论得证。

（3）如果 $\alpha > 1$，则存在 $\varepsilon > 0$ 使得 $1+\varepsilon < \alpha$。由（2）中的证明过程可知对于充分大的时间 t，有

$$x(t) \leq 1+\varepsilon \text{ 和 } y(t) \leq (1+\varepsilon)/\alpha$$

因此当时间 t 充分大时，系统（4.2）中的第一个方程可写成

$$\dot{x} = \gamma x(1-x-y) \geq \gamma x(1-x-(1+\varepsilon)/\alpha) = \gamma x(\zeta_1 - x)$$

其中，$\zeta_1 = 1-(1+\varepsilon)/\alpha > 0$。结合引理 4.1.1 有 $\liminf\limits_{t\to+\infty} x(t) \geq \zeta_1$。所以对于充分大的时间 t，有 $x(t) \geq \zeta_1/2$。

由于 y 的正性，对于充分大的时间 t，根据系统（4.2）中的第二个方程有

$$\dot{y} = y\left(1-\frac{\alpha y}{x}-\frac{h}{c+y}\right) \geq y\left(1-\frac{2\alpha y}{\zeta_1}-h/c\right) = y\left(\zeta_2 - \frac{2\alpha y}{\zeta_1}\right)$$

其中，$\zeta_2 = 1-h/c$。显然，如果 $\zeta_2 > 0$ 即 $c > h$ 时，再根据引理 4.1.1 的结论，有 $\liminf\limits_{t\to+\infty} y(t) \geq \zeta_1\zeta_2/(2\alpha)$。

因此结合（2）的证明过程，可取

$$\omega_1 = \min\{\zeta_1,\zeta_1\zeta_2/(2\alpha)\} \text{ 和 } \omega_2 = \max\{1, M_1/\alpha\}$$

即得系统的一致持续性。从而结论得证。证毕。

注 4.1.1 由性质 4.1.1（3）可知，当 $\alpha > 1$ 和 $c > h$ 时，即 $r > anK$ 和 $1 < m_1(s/q)$ 时，系统（4.2）是一致持续的。这说明当被捕食者的逻辑增长率 r 和捕食者的生物生产率 s/q 很大时，捕食者与被捕食者将会一直共存下去，从而不会出现种群灭绝。从生物学的角度来说，当被捕食者的出生数足够多且捕食者的生物生产率很大时，捕食者不仅有足够的食物满足自身的生存，而且也能满足人类对捕食者的捕获，从而捕食者与被捕食者可以一直共存。

在本节的最后将讨论系统（4.2）平衡点的存在性。易知当 $y=0$ 时，系统（4.2）有平衡点 $E_0=(0,0)$ 和 $E_1=(1,0)$。需要说明的是从系统（4.2）的第二个方程来看 $(x,y)=(0,0)$ 是有歧义的，但在系统（4.2）的第三个方程中重新定义

了之后，平衡点 $E_0 = (0,0)$ 就不再有歧义了。

为了找出系统（4.2）在 $\text{Int}\Omega$ 内的平衡点，只需解出方程组（4.3）即可

$$\begin{cases} (1+\alpha)x^2 - (1+c+2\alpha+\alpha c - h)x + \alpha(1+c) = 0 \\ y = 1 - x \end{cases} \quad (4.3)$$

为了书写的方便，作如下一些记号：

$$h_i = \alpha + (1+\alpha)(1+c) + (-1)^i 2\sqrt{\alpha(1+\alpha)(1+c)}, \quad i = 1, 2,$$

$$x_2 = \sqrt{\frac{\alpha(1+c)}{1+\alpha}}, \quad y_2 = 1 - x_2,$$

$$x_i = \frac{1+c+2\alpha+\alpha c - h + (-1)^i \sqrt{\Delta}}{2(1+\alpha)}, \quad y_i = 1 - x_i, \quad i = 3, 4$$

其中，

$$\Delta := h^2 - 2h(1+c+2\alpha+\alpha c) + (1+c+\alpha c)^2 = (h-h_1)(h-h_2)$$

经过简单的计算，有

$$\begin{aligned} h_1 - c &= 1 + 2\alpha + \alpha c - 2\sqrt{\alpha(1+\alpha)(1+c)} \\ &= \frac{(1-\alpha c)^2}{1+2\alpha+\alpha c + 2\sqrt{\alpha(1+\alpha)(1+c)}} \end{aligned} \quad (4.4)$$

和

$$\begin{aligned} h_1 - [c(1+\alpha) - 1] &= 2(1+\alpha - \sqrt{\alpha(1+\alpha)(1+c)}) \\ &= \frac{2(1+\alpha)(1-\alpha c)}{1+\alpha+\sqrt{\alpha(1+\alpha)(1+c)}} \end{aligned} \quad (4.5)$$

通过直接的计算，结合式（4.4）和式（4.5）有如下的结果成立。

引理 4.1.2 （1）$0 < h_1 < 1 + c + 2\alpha + \alpha c < h_2$；

（2）$h_1 \geqslant c$，且等号成立时当且仅当 $c = 1/\alpha$；

（3）$h_1 > c(1+\alpha) - 1$ 等价于 $c < 1/\alpha$。

所以关于系统（4.2）在 $\text{Int}\Omega$ 内的平衡点的存在情况，有以下结论。

定理 4.1.1 （1）如果 $\alpha<1/c$ 且 $h>h_1$ 或 $\alpha\geq 1/c$ 且 $h\geq c$，则系统（4.2）在 IntΩ 内不存在平衡点；

（2）如果 $\alpha<1/c$ 且 $h=h_1$，则系统（4.2）在 IntΩ 内存在唯一的平衡点 $E_2=(x_2,y_2)$；

（3）如果 $\alpha<1/c$ 且 $c<h<h_1$，则系统（4.2）在 IntΩ 内存在两个平衡点 $E_3=(x_3,y_3)$ 和 $E_4=(x_4,y_4)$；

（4）如果 $h<c$ 或 $\alpha<1/c$ 且 $h=c$，则系统（4.2）在 IntΩ 内存在唯一的平衡点 $E_3=(x_3,y_3)$。

证明：根据方程组（4.3）中的第一个方程可知

① 如果 $\Delta<0$ 即 $h_1<h<h_2$，则方程组（4.3）没有实根；

② 如果 $\Delta=0$ 即 $h=h_1$ 或 $h=h_2$，则方程组（4.3）有唯一的实根 (x_2,y_2)；

③ 如果 $\Delta>0$ 即 $h<h_1$ 或 $h>h_2$，则方程组（4.3）有两个不同的实根 (x_3,y_3) 和 (x_4,y_4)。

需要指出的是，要寻找方程在 IntΩ 内的正实根，即 $0<x<1$。由于当 $x_2>0$ 时，有 $h_1<1+c+2\alpha+\alpha c$。因而当 $h=h_1$ 时，方程组（4.3）中的第二个方程有唯一的一个正根 x_2。另外由 x_2 的表达式有

$$1-x_2=1-\sqrt{\frac{\alpha(1+c)}{1+\alpha}}=\frac{1-\alpha c}{1+\alpha+\sqrt{\alpha(1+\alpha)(1+c)}}$$

所以，当 $\alpha<1/c$ 时有 $x_2<1$，而当 $\alpha\geq 1/c$ 时有 $x_2\geq 1$。总之，

（A1）当 $\alpha<1/c$ 且 $h=h_1$ 时，则 $E_2=(x_2,y_2)\in$ Int Ω；

（A2）当 $\alpha\geq 1/c$ 且 $h=h_1$ 时，则 $E_2=(x_2,y_2)\notin$ Int Ω。

由（A1）可知，结论（2）成立。

如果 $h<h_1$ 或 $h>h_2$，则方程组（4.3）中的第二个方程有两个不等的实根为 x_3,x_4 且 $x_3<x_4$。又因为 $x_3x_4=\dfrac{\alpha(1+c)}{1+\alpha}>0$，所以 x_3,x_4 它们同号。因此 $x_3,x_4>0$ 当且仅当 $x_3+x_4=\dfrac{1+c+2\alpha+\alpha c-h}{1+\alpha}>0$ 当且仅当 $h<1+c+2\alpha+\alpha c<h_2$。而这意味着 $x_3,x_4>0$ 等价于 $0<h<h_1$。因此，方程组（4.3）中的第二

个方程有两个不等的正实根 $0 < x_3 < x_4$ 等价于 $h < h_1$。

对于 1 和 x_4 之间的关系，有

$$1 - x_4 = 1 - \frac{1 + c + 2\alpha + \alpha c - h + \sqrt{\Delta}}{2(1+\alpha)} = \frac{h - [c(1+\alpha) - 1] - \sqrt{\Delta}}{2(1+\alpha)} \quad (4.6)$$

所以当 $h \leqslant c(1+\alpha) - 1$ 时 $x_4 > 1$。再由 $0 < h < c(1+\alpha) - 1$ 可知 $c > 1/(1+\alpha)$。因此结合引理 4.1.2，有如果 $1/(1+\alpha) < \alpha < 1/c$ 且 $h \leqslant c(1+\alpha) - 1$ 或 $\alpha \geqslant 1/c$ 且 $h < h_1$，那么 $(x_4, y_4) \notin \text{Int}\,\Omega$。而当 $h > c(1+\alpha) - 1$ 时，由式（4.6）可知

$$1 - x_4 = \frac{[1 + h - c(1+\alpha)]^2 - \Delta}{2(1+\alpha)[1 + h - c(1+\alpha) + \sqrt{\Delta}]} = \frac{2(1+\alpha)(h-c)}{(1+\alpha)[1 + h - c(1+\alpha) + \sqrt{\Delta}]}$$

所以有，如果 $h < c$ 则 $x_4 \geqslant 1$，以及如果 $c < h < h_1$ 则 $x_4 < 1$。因而再结合引理 4.1.2，有如下结论。

（B1）当 $\alpha < 1/c$ 且 $c < h < h_1$ 时，则 $E_4 = (x_4, y_4) \in \text{Int}\,\Omega$；

（B2）当 $\alpha < 1/c$ 且 $h \leqslant c$ 或 $\alpha \geqslant 1/c$ 且 $h < h_1$ 时，则 $E_4 = (x_4, y_4) \notin \text{Int}\,\Omega$。

对于 x_3 的存在性，同理可知：

（C1）当 $\alpha < 1/c$ 且 $h < h_1$ 或 $\alpha \geqslant 1/c$ 且 $h < c$ 时，则 $E_3 = (x_3, y_3) \in \text{Int}\,\Omega$；

（C2）当 $\alpha > 1/c$ 且 $c \leqslant h < h_1$ 时，则 $E_3 = (x_3, y_3) \notin \text{Int}\,\Omega$。

所以由（A2），（B2）和（C2）得到结论（1）；（B1）和（C1）意味着成立（3）；再由（B2）和（C1）得到（4）。因此结论得证。证毕。

定理 4.1.1 中的 4 种情况可以通过适当的数值模拟来加以验证，如图 4.1 所示。在图 4.1 中显示了对于不同的 h 取值，系统（4.2）内部平衡点个数的变化情况，其中实线表示被捕食者的零测线，而虚线表示捕食者的零测线。

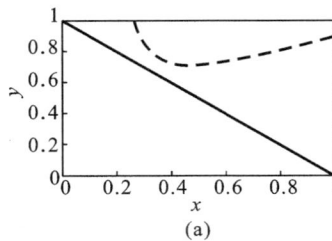
(a)

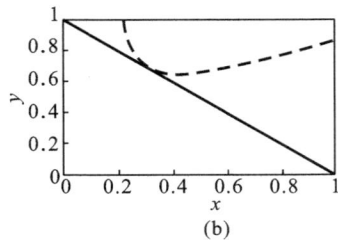
(b)

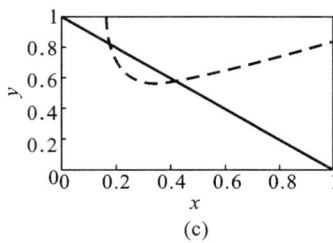
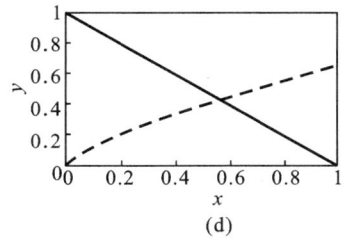

图 4.1 系统（4.2）内部平衡点的存在情况

注 4.1.2 定理 4.1.1 表明当 $h>h_1$ 时系统（4.2）无内部平衡点，这意味着生物种群的灭绝和生态系统的崩溃，所以在此时发生过度捕获的情形。定理 4.1.1 也表明当 $h \leqslant h_1$ 时，系统（4.2）的最大收割率 h_{MSY} 的大小依赖于由被捕食者提供给捕食者用来提高捕食者出生率的食物的质量 $1/\alpha$。当 $c<1/\alpha$，即被捕食者提供的食物有利于捕食者出生时，$h_{MSY}=h_1$，而当 $c>1/\alpha$，即被捕食者提供的食物不利于捕食者出生时，$h_{MSY}=c<h_1$。

4.2 平衡点的定性分析

现在将考虑系统（4.2）在每个平衡点附近的动力学性态。假设 (x,y) 为系统（4.2）的一个平衡点。众所周知，在讨论系统的平衡点稳定性时系统（4.2）在平衡点 (x,y) 处的 Jacobi 矩阵 $A(x,y)$ 起着重要的作用。事实上，通过计算易知

$$A(x,y)=\begin{bmatrix} \gamma(1-2x-y) & -\gamma x \\ \dfrac{\alpha y^2}{x^2} & 1-\dfrac{2\alpha y}{x}-\dfrac{hc}{(c+y)^2} \end{bmatrix} \qquad (4.7)$$

首先探究边界平衡点的动力学行为。由于比例 y/x 在 $(0,0)$ 处无意义，所以在平衡点 $E_0=(0,0)$ 处的 Jacobi 矩阵不能直接算出。为了研究系统在平衡点 E_0 附近的动力学行为，将利用文献[61]中的方法对系统的奇点做一些非线性的平移变换。目的是通过引入非线性变换 $x=u, y=uv$，将原点变换到 y 轴。因此关于平衡点 E_0 的稳定性有如下的结果。

定理 4.2.1 平衡点 $E_0 = (0,0)$ 为系统（4.2）的一个鞍点。

证明：做非线性变换 $x = u, y = uv$，将原点变换到竖轴。此时系统（4.2）变成了系统（4.8）：

$$\begin{cases} \dot{u} = \gamma u(1 - u - uv) \\ \dot{v} = (1-\gamma)v + \gamma uv - \alpha v^2 + \gamma uv^2 - \dfrac{hv}{c + uv} \end{cases} \quad (4.8)$$

显然系统（4.8）有一个平衡点 $(0,0)$。而当 $\gamma < 1$ 且 $h < c(1-\gamma)$ 时，系统还有一个在 v 轴上的非负平衡点 $\left(0, \dfrac{c(1-\gamma) - h}{\alpha c}\right)$。易知系统（4.8）在 $(0,0)$ 处的 Jacobi 矩阵为

$$A(0,0) = \begin{bmatrix} \gamma & 0 \\ 0 & \dfrac{c - h - \gamma c}{c} \end{bmatrix}$$

所以当 $\gamma < 1$ 且 $h < c(1-\gamma)$ 时，则 $(0,0)$ 为系统（4.8）的不稳定结点，而当 $\gamma \geq 1$ 或 $\gamma < 1$ 且 $h > c(1-\gamma)$ 时，则 $(0,0)$ 为系统（4.8）的鞍点。

另外系统（4.8）在 $\left(0, \dfrac{c - h - \gamma c}{\alpha c}\right)$ 处的 Jacobi 矩阵为

$$A\left(0, \dfrac{c - h - \gamma c}{\alpha c}\right) = \begin{bmatrix} \gamma & 0 \\ \dfrac{(c - h - \gamma c)[\alpha \gamma c^3 + (c - h - \gamma c)(h + \gamma c^2)]}{\alpha^2 c^4} & -\dfrac{c - h - \gamma c}{c} \end{bmatrix}$$

由于 $\left| A\left(0, \dfrac{c - h - \gamma c}{\alpha c}\right) \right| = -\gamma \dfrac{c - h - \gamma c}{c} < 0$，所以 $\left(0, \dfrac{c - h - \gamma c}{\alpha c}\right)$ 为系统（4.9）的一个鞍点。

由以上分析可知平衡点 $E_0 = (0,0)$ 在系统（4.2）中的动力学行为类似于一个鞍点，所以结论成立。证毕。

注 4.2.1 从以上分析可以看到，原点总是系统（4.2）的一个不稳定平衡点。这意味着系统（4.2）中的捕食者与被捕食者将不会同时灭绝。而在文献[45]中原点是可以为吸引的平衡点，这意味着文献[45]中系统的捕食者与被捕食者

在适当条件下可以同时灭绝。这说明相较于带 Michaelis-Menten 型被捕食者收割项的 Leslie-Gower 捕食者与被捕食者系统，带 Michaelis-Menten 型捕食者收割项的系统有着完全不同的动力学性态。

接着讨论系统（4.2）在平衡点 $E_1=(1,0)$ 的定性性质。由式（4.7）可知

$$A(E_1)=\begin{bmatrix} -\gamma & -\gamma \\ 0 & 1-h/c \end{bmatrix} \quad (4.9)$$

定理 4.2.2 （1）当 $h<c$ 时，E_1 为系统（4.2）的一个鞍点；

（2）当 $h>c$ 时，E_1 为系统（4.2）的一个稳定结点；

（3）当 $h=c$ 且 $c\neq 1/\alpha$ 时，E_1 为系统（4.2）的一个余维一的鞍-结点；

（4）当 $h=c$ 且 $c=1/\alpha$ 时，E_1 为系统（4.2）的一个余维二的非双曲的稳定结点。

证明：（1）由式（4.9）可知，当 $h<c$ 时有 $|A(E_1)|=-\gamma(1-h/c)<0$，因此由引理 2.2.1 可知 E_1 为鞍点。结论成立。

（2）当 $h>c$ 时，有 $|A(E_1)|>0$，$\operatorname{tr}(A(E_1))=-\gamma-\dfrac{h-c}{c}<0$ 且

$$(\operatorname{tr}(A(E_1)))^2-4|A(E_1)|=\left(\gamma+\frac{h-c}{c}\right)^2-4\gamma\frac{h-c}{c}$$
$$=\left(\gamma-\frac{h-c}{c}\right)^2\geqslant 0$$

所以由引理 2.2.1 可知 E_1 为系统（4.2）的一个稳定结点。结论得证。

（3）当 $h=c$ 时，有 $|A(E_1)|=0$ 且 $\operatorname{tr}(A(E_1))=-\gamma\neq 0$。可以作变换 $u=x-1, v=y$ 将平衡点平移到原点，此时系统（4.2）变为

$$\begin{cases} \dot{u}=-\gamma(u+v+u^2+uv) \\ \dot{v}=\beta v^2+Q_1(u,v) \end{cases} \quad (4.10)$$

其中，

$$\beta=\frac{1-\alpha c}{c} \text{ 且 } Q_1(u,v)=\alpha uv^2+\sum_{i=2}^{\infty}(-1)^{i+1}\left(\alpha u^i v^2+\frac{v^{i+1}}{c^i}\right)$$

再令 $u_1 = u, v_1 = u + v$，则系统（4.10）变为

$$\begin{cases} \dot{u}_1 = -\gamma(v_1 + u_1 v_1) \\ \dot{v}_1 = -\gamma v_1 + \beta u_1^2 - (\gamma + 2\beta)u_1 v_1 + \beta v_1^2 + Q_2(u_1, v_1) \end{cases} \quad (4.11)$$

其中，$Q_2(u_1, v_1) = Q_1(u_1, v_1 - u_1)$。

做正则变换 $u_2 = -u_1 + v_1, v_2 = -v_1$，此时系统（4.11）变为

$$\begin{cases} \dot{u}_2 = \beta u_2^2 + P_3(u_2, v_2) \\ \dot{v}_2 = -\gamma v_2 + Q_3(u_2, v_2) \end{cases} \quad (4.12)$$

其中，$P_3(u_2, v_2) = Q_2(-(u_2 + v_2), -v_2)$ 且 $Q_3(u_2, v_2) = -\beta u_2^2 + \gamma u_2 v_2 + \gamma v_2^2 - P_3(u_2, v_2)$。

因此，当 $h = c$ 且 $c \neq 1/\alpha$ 时，有 $\beta = \dfrac{1 - \alpha c}{c} \neq 0$ 成立。所以根据性质 2.2.2 可知 E_1 为一个鞍-结点。结论得证。

（4）当 $h = c$ 且 $c = 1/\alpha$ 时，则 $\beta = \dfrac{1 - \alpha c}{c} = 0$。此时系统（4.12）变为

$$\begin{cases} \dot{u}_2 = -(\alpha + 1/c^2)u_2^3 - \alpha u_2^2 v_2 + P_4(u_2, v_2) \\ \dot{v}_2 = -\gamma v_2 + Q_4(u_2, v_2) \end{cases} \quad (4.13)$$

其中，$P_4(u_2, v_2)$ 为关于变量 (u_2, v_2) 的至少从四次项开始的多项式，而 $Q_4(u_2, v_2)$ 为关于变量 (u_2, v_2) 的至少从二次项开始的多项式。

又由于此时 $-(\alpha + 1/c^2) < 0$ 且 $-\gamma < 0$。所以根据性质 2.2.2 可知 E_1 为一个余维二的稳定结点，结论得证。证毕。

接着将分析有关系统内部平衡点的动力学性态。由于如果 $(x, y) \in \text{Int } \Omega$ 为系统（4.2）的一个内部平衡点，则有 $y = 1 - x$。因此式（4.7）变为

$$A(x, y) = \begin{bmatrix} -\gamma x & -\gamma x \\ \dfrac{\alpha y^2}{x^2} & 1 - \dfrac{2\alpha y}{x} - \dfrac{hc}{(c + y)^2} \end{bmatrix} \quad (4.14)$$

再结合 $1 - \dfrac{\alpha y}{x} - \dfrac{h}{c + y} = 0$，有

$$|A(x,y)| = -\gamma x\left[1 - \frac{2\alpha y}{x} - \frac{c}{c+y}\left(1 - \frac{\alpha y}{x}\right) - \frac{y}{x}\left(1 - \frac{h}{c+y}\right)\right]$$

$$= -\gamma x\left[\frac{1}{c+y}\left(y - \frac{\alpha cy}{x} - \frac{2\alpha y^2}{x}\right) - \frac{y(c-h+y)}{x(c+y)}\right]$$

$$= -\frac{\gamma y}{c+y}[x - (1+2\alpha)y - (c-h+\alpha c)]$$

$$= \frac{\gamma y}{c+y}r(x) \tag{4.15}$$

其中，$r(x) := -2(1+\alpha)x - h + 1 + c + 2\alpha + \alpha c$。因而 $|A(x,y)|$ 和 $r(x)$ 的正负性一致。而关于矩阵的迹 $\mathrm{tr}(A(x,y))$，有

$$\mathrm{tr}(A(x,y)) = -\gamma x + 1 - \frac{2\alpha y}{x} - \frac{c}{c+y}\left(1 - \frac{\alpha y}{x}\right)$$

$$= -\gamma x + \frac{y}{x(c+y)}[(1+2\alpha)x - \alpha(c+2)] \tag{4.16}$$

记

$$\gamma_2 = \frac{y_2}{x_2^2(c+y_2)}[(1+2\alpha)x_2 - \alpha(c+2)] \text{ 和 } \alpha(c) = \frac{4+c-\sqrt{c^2+4c+12}}{2\sqrt{c^2+4c+12}}$$

通过直接的计算可知 $0 < \alpha(c) < 1/c$。关于平衡点 E_2 的定性性质，有以下结果。

定理 4.2.3 （1）如果 $\alpha < 1/c, h = h_1$ 且 $\gamma \neq \gamma_2$，则 E_2 为系统（4.2）的一个余维一鞍-结点；

（2）如果 $\alpha < 1/c, h = h_1, \gamma = \gamma_2$ 且 $\alpha \neq \alpha(c)$，则 E_2 为系统（4.2）的一个余维二尖点；

（3）存在 $c_0 > 0$ 使得当 $c \in (0, c_0)$，$\alpha < 1/c, h = h_1, \gamma = \gamma_2$ 且 $\alpha = \alpha(c)$ 时，则 E_2 为系统（4.2）的一个余维三尖点。

证明：根据 x_2 和 h_1 的表达式，有

$$r(x_2) = -2\sqrt{\alpha(1+\alpha)(1+c)} + 2\sqrt{\alpha(1+\alpha)(1+c)} = 0$$

这意味着 $|A(E_2)| = 0$。而当 $\alpha < 1/c$ 时，有

$$(1+2\alpha)x_2 - \alpha(c+2) = \frac{(1+2\alpha)\sqrt{\alpha(1+\alpha)(1+c)} - \alpha(1+\alpha)(c+2)}{1+\alpha}$$

$$= \frac{\alpha[(1+c)(1+2\alpha)^2 - \alpha(c+2)^2(1+\alpha)]}{(1+2\alpha)\sqrt{\alpha(1+\alpha)(1+c)} + \alpha(c+2)(1+\alpha)}$$

$$= \frac{\alpha(1-\alpha c)(1+c+\alpha c)}{(1+2\alpha)\sqrt{\alpha(1+\alpha)(1+c)} + \alpha(c+2)(1+\alpha)} > 0$$

因此 $\gamma_2 = \dfrac{y_2}{x_2^2(c+y_2)}[(1+2\alpha)x_2 - \alpha(c+2)] > 0$。

（1）由式（4.16）可知当 $\gamma \neq \gamma_2$ 时，有 $\mathrm{tr}(A(E_2)) \neq 0$ 成立。

做平移变换 $u = x - x_2, v = y - y_2$ 后，系统（4.2）变为系统（4.17）:

$$\begin{cases} \dot{u} = a_{10}u + a_{01}v + a_{20}u^2 + a_{11}uv \\ \dot{v} = b_{10}u + b_{01}v + b_{20}u^2 + b_{11}uv + b_{02}v^2 + o(|(u,v)|^2) \end{cases} \quad (4.17)$$

其中，

$$a_{10} = a_{01} = -\gamma x_2, a_{20} = a_{11} = -\gamma, b_{10} = \frac{\alpha y_2^2}{x_2^2}, b_{01} = 1 - \frac{2\alpha y_2}{x_2} - \frac{h_1 c}{(c+y_2)^2},$$

$$b_{20} = -\frac{\alpha y_2^2}{x_2^3}, b_{11} = \frac{2\alpha y_2}{x_2}, b_{02} = \frac{h_1 c}{(c+y_2)^3} - \frac{\alpha}{x_2}$$

再做变换

$$u_1 = b_{01}u - a_{01}v, v_1 = a_{10}u + a_{01}v$$

此时系统（4.17）变为

$$\begin{cases} \dot{u}_1 = a_1 u_1^2 + a_2 u_1 v_1 + a_3 v_1^2 + o(|(u_1,v_1)|^2) \\ \dot{v}_1 = \rho v_1 + b_1 u_1^2 + b_2 u_1 v_1 + b_3 v_1^2 + o(|(u_1,v_1)|^2) \end{cases} \quad (4.18)$$

其中，

$$\rho = a_{10} + b_{10}, a_1 = \frac{\gamma x_2}{\rho^2}(b_{20} - b_{11} + b_{02}),$$

$$a_2 = \frac{1}{\rho^2}\left[2(a_{20}b_{10} - a_{10}b_{20} + b_{10}b_{02}) + \frac{(b_{10} - a_{10})(a_{20}b_{10} - a_{10}b_{11})}{a_{10}}\right],$$

$$a_3 = \frac{1}{\rho^2}\left[(a_{20}b_{10} - a_{10}b_{20} - b_{10}b_{11}) + \frac{b_{10}^2(a_{20} - b_{02})}{a_{10}}\right], b_1 = -a_1,$$

$$b_2 = \frac{1}{\rho^2}[a_{10}(a_{20} + 2b_{20} - b_{11}) + b_{10}(a_{20} + b_{11} - 2b_{02})],$$

$$b_3 = \frac{1}{\rho^2}\left[a_{10}(a_{20} + b_{20}) + b_{10}(a_{20} + b_{11}) + \frac{b_{10}^2 b_{02}}{a_{10}}\right]$$

显然 $\rho = \text{tr}(A(E_2)) \neq 0$。结合 $\frac{h_1 c}{(c + y_2)^2} = 1 - \frac{2\alpha y_2}{x_2} - \frac{\alpha y_2^2}{x_2^2} = \frac{\alpha c}{x_2^2}$，有

$$\begin{aligned}
b_{20} - b_{11} + b_{02} &= -\frac{\alpha y_2^2}{x_2^3} - \frac{2\alpha y_2}{x_2^2} + \frac{h_1 c}{(c+y_2)^3} - \frac{\alpha}{x_2} \\
&= -\frac{\alpha(x_2 + y_2)^2}{x_2^3} + \frac{1}{c+y_2}\frac{h_1 c}{(c+y_2)^2} \\
&= -\frac{\alpha}{x_2^3} + \frac{\alpha c}{x_2^2(c+y_2)} \\
&= -\frac{\alpha y_2(1+c)}{x_2^3(c+y_2)} \neq 0
\end{aligned}$$

因此 $a_1 = \frac{\gamma x_2}{\rho^2}(b_{20} - b_{11} + b_{02}) \neq 0$。所以根据引理 2.2.2 可知为鞍-结点。结论得证。

（2）由式（4.16）可知当 $\gamma = \gamma_2$ 时有 $\text{tr}(A(E_2)) = a_{10} + b_{01} = 0$ 成立。此时系统（4.17）变为

$$\begin{cases} \dot{u} = a_{10}u + a_{01}v + a_{20}u^2 + a_{11}uv \\ \dot{v} = b_{10}u + b_{01}v + b_{20}u^2 + b_{11}uv + b_{02}v^2 + o(|(u,v)|^2) \end{cases} \quad (4.19)$$

其中，

$$a_{10} = a_{01} = -\gamma_2 x_2, a_{20} = a_{11} = -\gamma_2, b_{10} = b_{01} = \gamma_2 x_2,$$

$$b_{20} = -\gamma_2, b_{11} = \frac{2\gamma_2 x_2}{y_2}, b_{02} = \frac{\gamma_2 x_2 (c - x_2)}{y_2 (c + y_2)}$$

令 $u_2 = u, v_2 = -b_{01}u + a_{01}v$，则系统（4.19）变为

$$\begin{cases} \dot{u}_2 = v_2 + \kappa_{11} u_2 v_2 \\ \dot{v}_2 = l_{20}u_2^2 + l_{11}u_2 v_2 + l_{02}v_2^2 + o(|(u_2, v_2)|^2) \end{cases} \quad (4.20)$$

其中，

$$\kappa_{11}=1/x_2, l_{20}=\frac{\gamma_2^2 x_2(1+c)}{y_2(c+y_2)}\ l_{02}=-\frac{c-x_2}{y_2(c+y_2)},$$

$$l_{11}=\frac{\gamma_2(1+c)(\alpha-\alpha(c))(1+\alpha+\alpha(c))(c^2+4c+12)}{y_2(c+y_2)(1+\alpha)^2[x_2^2+(4+c)x_2+1+c]}$$

再变换 $u_3=u_2, v_3=v_2+\kappa_{11}u_2v_2$，则系统（4.20）变为

$$\begin{cases}\dot{u}_3=v_3\\ \dot{v}_3=l_{20}u_3^2+l_{11}u_3v_3+(\kappa_{11}+l_{02})v_3^2+o(|(u_3,v_3)|^2)\end{cases} \quad (4.21)$$

易知 $l_{20}=\frac{\gamma_2^2 x_2(1+c)}{y_2(c+y_2)}\neq 0$。为了证明 E_2 是一个尖点，令 $\mathrm{d}t=[1-(\kappa_{11}+l_{02})u_3]\mathrm{d}\tau$，并将 τ 换回 t，则系统（4.21）变为

$$\begin{cases}\dot{u}_3=[1-(\kappa_{11}+l_{02})u_3]v_3\\ \dot{v}_3=[1-(\kappa_{11}+l_{02})u_3][l_{20}u_3^2+l_{11}u_3v_3+(\kappa_{11}+l_{02})v_3^2+o(|(u_3,v_3)|^2)]\end{cases} \quad (4.22)$$

接着做如下变换

$$u_4=u_3, v_4=[1-(\kappa_{11}+l_{02})u_3]v_3$$

则系统（4.21）变为

$$\begin{cases}\dot{u}_4=v_4\\ \dot{v}_4=l_{20}u_4^2+l_{11}u_4v_4+o(|(u_4,v_4)|^2)\end{cases} \quad (4.23)$$

根据 l_{20}, l_{11} 的表达式可知，当 $\alpha\neq\alpha(c)$ 时，有 $l_{20}l_{11}\neq 0$ 成立。因此根据引理 2.2.4 可知，E_2 为余维二的尖点。结论得证。

（3）现在讨论当 $\alpha=\alpha(c)$ 时尖点的余维数。由 l_{11} 的表达式可知，此时 $l_{11}=0$。因此，系统（4.23）变为

$$\begin{cases}\dot{u}_4=v_4\\ \dot{v}_4=l_{20}u_4^2+l_{30}u_4^3+l_{21}u_4^2v_4+l_{12}u_4v_4^2+l_{03}v_4^3+l_{40}u_4^4+l_{31}u_4^3v_4+\\ \quad l_{22}u_4^2v_4^2+l_{13}u_4v_4^3+l_{04}v_4^4+o(|(u_4,v_4)|^4)\end{cases} \quad (4.24)$$

其中，

$$l_{20} = \frac{r_2^2(1+c)}{2}, \quad l_{30} = -r_2\left(\frac{r_2(2+c-c^2)+2\alpha(c)}{2x_2} + \frac{r_2(5c+2y_2)}{4}\right),$$

$$l_{21} = -\frac{r_2}{4x_2y_2^2}(3cy_2^2 + 8x_2), \quad l_{12} = -\left(\frac{1+x_2^2}{2x_2y_2^2} + \frac{4+c+(2+x_2-c)^2}{4x_2^2}\right),$$

$$l_{03} = -\frac{c}{4r_2x_2^3}, \quad l_{13} = \frac{c(3x_2+c-2)}{8r_2x_2^4}, \quad l_{04} = -\frac{cy_2}{8r_2^2x_2^5},$$

$$l_{40} = \frac{r_2}{8x_2^2}[(2+x_2-c)(r_2(2+c-c^2)+r_2x_2(1+7c-4x_2)+8\alpha(c))-cr_2x_2(y_2+2)]$$

$$l_{31} = \frac{r_2(4+x_2-c)}{x_2y_2^2} - \frac{r_2c(3c-2-7x_2)}{8x_2^2}, \quad l_{22} = \frac{2}{x_2y_2^2} - \frac{(2+x_2-c)^3}{8x_2^3} + \frac{4+5x_2-2c}{4x_2^3}$$

令

$$u_5 = u_4 - \frac{l_{03}}{2}u_4^2v_4 + \frac{l_{13}}{2l_{20}}v_4^3, \quad v_5 = v_4 - l_{03}u_4v_4^2$$

则系统（4.24）变为

$$\begin{cases} \dot{u}_5 = v_5 - \frac{l_{20}l_{30}}{2}u_5^4 + \frac{3l_{13}}{2}u_4^2v_4^2 + o(|(u_5,v_5)|^4) \\ \dot{v}_5 = l_{20}u_5^2 + l_{30}u_5^3 + l_{21}u_5^2v_5 + l_{12}u_5v_5^2 + l_{40}u_5^4 + (l_{31}-l_{20}l_{03})u_5^3v_5 + \\ \qquad l_{22}u_5^2v_5^2 + l_{04}u_5^4 + o(|(u_5,v_5)|^4) \end{cases} \quad (4.25)$$

做变换

$$u_6 = u_5 - \frac{l_{13}}{2}u_5^3v_5 - \frac{l_{04}}{2}u_5^2v_5^2 \quad v_6 = v_5 - \frac{l_{20}l_{03}}{2}u_5^4 - l_{04}u_5v_5^3$$

则系统（4.25）变为

$$\begin{cases} \dot{u}_6 = v_6 + o(|(u_6,v_6)|^4) \\ \dot{v}_6 = l_{20}u_6^2 + l_{30}u_6^3 + l_{21}u_6^2v_6 + l_{12}u_6v_6^2 + l_{40}u_6^4 + (l_{31}-3l_{20}l_{03})u_6^3v_6 + \\ \qquad l_{22}u_6^2v_6^2 + o(|(u_6,v_6)|^4) \end{cases} \quad (4.26)$$

注意 $l_{20} = \frac{r_2^2(1+c)}{2} > 0$。因此可以接着做变换

$$u_7 = u_6 \ v_7 = \frac{1}{\sqrt{l_{20}}}(v_6 + o(|(u_6, v_6)|^4)) \text{ 和 } \tau = \sqrt{l_{20}} t$$

此时系统（4.26）变为

$$\begin{cases} \dot{u}_7 = v_7 \\ \dot{v}_7 = u_7^2 + \dfrac{l_{30}}{l_{20}} u_7^3 + \dfrac{l_{40}}{l_{20}} u_7^4 + v_7 \left(\dfrac{l_{21}}{\sqrt{l_{20}}} u_7^2 + \dfrac{l_{31} - 3l_{20}l_{03}}{\sqrt{l_{20}}} u_7^3 \right) + \\ \quad v_7^2(l_{12} u_7 + l_{22} u_7^2) + o(|(u_7, v_7)|^4) \end{cases} \quad (4.27)$$

由引理 2.2.6 或文献[30]中的性质 5.3 可知，系统（4.27）等价于

$$\begin{cases} \dot{u}_8 = v_8 \\ \dot{v}_8 = u_8^2 + G u_8^3 v_8 + o(|(u_8, v_8)|^4) \end{cases} \quad (4.28)$$

其中，

$$G = \frac{l_{31} - 3l_{20}l_{03}}{\sqrt{l_{20}}} - \frac{l_{30}}{l_{20}} \frac{l_{21}}{\sqrt{l_{20}}} = \frac{1}{l_{20}\sqrt{l_{20}}} (l_{20}l_{31} - 3l_{20}^2 l_{03} - l_{30}l_{21})$$

通过直接计算，有 $G = \dfrac{2\sqrt{2}\alpha(c)}{r_2 x_2^4 (1+c)^{\frac{3}{2}}} \psi(c)$，其中，

$$\psi(c) = \frac{2c^2(2 - x_2) - c(4x_2 + 13) + 2(26x_2 - 7)}{4x_2} + \frac{cy_2^2(c^2 + 4c + 84)}{16x_2} -$$

$$\frac{cy_2^2(1+c)(25 - 5c - 3c^2)}{16x_2^2} - \frac{2}{y_2^2}$$

注意 x_2, y_2 均关于 c 连续。所以 G 也关于 c 连续。而当 $c = 0$ 时，有 $x_2 = 2 - \sqrt{3}, y_2 = \sqrt{3} - 1, \alpha(0) = \dfrac{2 - \sqrt{3}}{2\sqrt{3}}$ 和 $\psi(0) = \dfrac{26(2 - \sqrt{3}) - 7}{2(2 - \sqrt{3})} - \dfrac{2}{(\sqrt{3} - 1)^2} < 0$ 成立。所以 $G|_{c=0} < 0$。因此存在 $c_0 > 0$，使得当 $c \in (0, c_0)$ 时仍有 $G < 0$ 成立。根据引理 2.2.5 可知 E_2 为余维三的尖点。结论成立。证毕。

注 **4.2.2** 由定理 4.2.3 可知，平面

4 一类对捕食者进行非线性收割的生物系统的分岔研究

$$SN = \{(c,\alpha,h,\gamma): \alpha < 1/c, \gamma \neq \gamma_2, h = h_1\}$$

为鞍-结平面。当参数 h 由一侧穿过到另一侧时，系统（4.2）的内部平衡点个数将会从零个变成两个。这意味着当 $\alpha < 1/c$ 时，存在一个临界值 $h = h_1$，如果 $h > h_1$ 则捕食者将会灭绝，反之如果 $h < h_1$ 则捕食者与被捕食者将有可能会共存。这说明当 $\alpha < 1/c$ 时系统的最大收割率为 $h = h_1$。另外需要指出的是，当 $c \in (0, c_0)$ 时 E_2 为余维三的尖点，而当 $c > c_0$ 时 E_2 有可能为余维更高的尖点。

关于平衡点 E_4 的定性性质，有以下结果。

定理 4.2.4 如果 $\alpha < 1/c$ 且 $c < h < h_1$，则平衡点 E_4 为系统（4.2）的一个鞍点。

证明：由式（4.15）可知 $|A(E_4)| = \dfrac{\gamma y_4}{c+y_4} r(x_4)$。结合 x_4 的表达式再经过计算可知，$r(x_4) = -\sqrt{\Delta} < 0$ 成立。所以 $|A(E_4)| < 0$，根据引理 2.2.1 可知 E_4 为鞍点。因此，结论得证。证毕。

现在讨论平衡点 $E_3 = (x_3, y_3)$ 附近的动力学性态。为方便书写，作如下几个记号

$$h_0 = \frac{(1+c+\alpha c)^2}{(1+2\alpha)(2+c)}, \quad \delta = (1+2\alpha)x_3 - \alpha(c+2), \quad \omega_0 = \frac{\delta y_3}{x_3^2(c+y_3)},$$

$$\omega_i = \frac{y_3(\sqrt{\delta + r(x_3)}) + (-1)^i \sqrt{r(x_3)^2}}{x_3^2(c+y_3)}, i = 1, 2$$

事实上，由 x_3 和 $r(x_3)$ 的表达式易知 $r(x_3) = \sqrt{\Delta} > 0$。

引理 4.2.1 （1）当 $\alpha < 1/c$ 时，有 $h_0 \leqslant h_1 < \dfrac{1+c+\alpha c}{1+2\alpha}$ 成立；

（2）当 $\alpha \geqslant 1/c$ 且 $h < c$ 或 $\alpha < 1/c$ 且 $h \leqslant h_0$ 时，则 $\delta \leqslant 0$；

（3）当 $\alpha < 1/c$ 且 $h_0 \leqslant h < h_1$ 时，则 $\delta > 0$；

（4）当 $\alpha \geqslant 1/c$ 且 $h < c$ 或 $\alpha < 1/c$ 且 $h < h_1$ 时，则 $\delta + r(x_3) > 0$。

证明：（1）根据 h_1 的表达式可知

$$\frac{1+c+\alpha c}{1+2\alpha} - h_1 = \frac{2(1+2\alpha)\sqrt{\alpha(1+\alpha)(1+c)} - 2\alpha(1+\alpha)(c+2)}{1+2\alpha}$$
$$= \frac{2\alpha(1+\alpha)(1+c+\alpha c)(1-\alpha c)}{(1+2\alpha)[(1+2\alpha)\sqrt{\alpha(1+\alpha)(1+c)} + \alpha(1+\alpha)(c+2)]}$$

这意味着 $h_1 < \frac{1+c+\alpha c}{1+2\alpha}$ 等价于 $\alpha < 1/c$。

根据 h_0 和 h_1 的表达式,有

$$h_1 - h_0 = \frac{1}{(1+2\alpha)(2+c)}\{(1+c+\alpha c)[(1+2\alpha)(2+c)-(1+c+\alpha c)]+$$
$$2(1+2\alpha)(2+c)(\alpha - \sqrt{\alpha(1+\alpha)(1+c)})\}$$
$$= \frac{[(1+2\alpha)\sqrt{1+c} - (2+c)\sqrt{\alpha(1+\alpha)}]^2}{(1+2\alpha)(2+c)} \geqslant 0$$

所以,$h_1 \geqslant h_0$。因此结论成立。

(2)根据 δ 和 x_3 的表达式可知

$$\delta = \frac{1}{2(1+\alpha)}\{(1+2\alpha)[1+c+2\alpha+\alpha c - h - \sqrt{\Delta}] - 2\alpha(1+\alpha)(c+2)\}$$
$$= \frac{1}{2(1+\alpha)}[1+c+\alpha c - h(1+2\alpha) - (1+2\alpha)\sqrt{\Delta}]$$
$$= \frac{1+2\alpha}{2(1+\alpha)}\left[\frac{1+c+\alpha c}{1+2\alpha} - h - \sqrt{\Delta}\right]$$

所以如果 $\frac{1+c+\alpha c}{1+2\alpha} \leqslant h$,则 $\delta < 0$。而当 $\frac{1+c+\alpha c}{1+2\alpha} > h$ 时,有

$$\delta = \frac{[1+c+\alpha c - h(1+2\alpha)]^2 - (1+2\alpha)^2 \Delta}{2(1+\alpha)[1+c+\alpha c - h(1+2\alpha) + (1+2\alpha)\sqrt{\Delta}]}$$
$$\leqslant \frac{2\alpha\left[(2+c)(1+c+\alpha c)-(1+c+\alpha c)^2\right]}{1+c+\alpha c - h(1+2\alpha)+(1+2\alpha)\sqrt{\Delta}}$$
$$= \frac{2\alpha(1+c+\alpha c)}{(1+2\alpha)\left(\frac{1+c+\alpha c}{1+2\alpha} - h + \sqrt{\Delta}\right)}(1-\alpha c)$$

因此当 $\alpha \geqslant 1/c$ 时，有 $\delta \leqslant 0$ 成立。

由（1）可知如果 $\alpha < 1/c$ 则 $h_0 \leqslant h_1 < \dfrac{1+c+\alpha c}{1+2\alpha}$。因此如果 $\dfrac{1+c+\alpha c}{1+2\alpha} > h$，则 $h < h_1$。所以

$$\delta = \frac{2\alpha\left[h(1+2\alpha)(2+c)-(1+c+\alpha c)^2\right]}{1+c+\alpha c-h(1+2\alpha)+(1+2\alpha)\sqrt{\Delta}}$$
$$= \frac{2\alpha(1+2\alpha)(2+c)}{1+c+\alpha c-h(1+2\alpha)+(1+2\alpha)\sqrt{\Delta}}(h-h_0) \quad (4.29)$$

因此，如果 $h \leqslant h_0$，则 $\delta \leqslant 0$。结论得证。

（3）根据式（4.29）可知，当 $\alpha < 1/c$ 且 $h_0 < h < h_1$ 时，有 $\delta \leqslant 0$ 成立。所以结论得证。

（4）根据 $r(x_3)$ 和 δ 的表达式可知

$$\delta + r(x_3) = -x_3 + 1 + c - h = \frac{1+2\alpha}{2(1+\alpha)}\left(\frac{1+c+\alpha c}{1+2\alpha} - h + \frac{\sqrt{\Delta}}{1+2\alpha}\right) \quad (4.30)$$

显然，如果 $h < \dfrac{1+c+\alpha c}{1+2\alpha}$ 则 $\delta + r(x_3) > 0$。由（1）可知，当 $\alpha < 1/c$ 时，那么 $h_1 < \dfrac{1+c+\alpha c}{1+2\alpha}$。因此当 $\alpha < 1/c$ 和 $h < h_1$ 时，有 $\delta + r(x_3) > 0$ 成立。

另外由以上分析可知，当 $h \leqslant \dfrac{1+c+\alpha c}{1+2\alpha}$ 时则 $\delta + r(x_3) > 0$。而当 $\dfrac{1+c+\alpha c}{1+2\alpha} < h < c$ 时，结合式（4.30），有

$$\delta + r(x_3) = \frac{\Delta - [(1+2\alpha)h-(1+c+\alpha c)]^2}{2(1+\alpha)[(1+2\alpha)h-(1+c+\alpha c)+\sqrt{\Delta}]}$$
$$= \frac{2h\alpha(c-h)}{(1+2\alpha)\left[h-\dfrac{1+c+\alpha c}{1+2\alpha}+\dfrac{\sqrt{\Delta}}{1+2\alpha}\right]} > 0$$

因此当 $\alpha \geqslant 1/c$ 和 $h < c$ 时，仍有 $\delta + r(x_3) > 0$。所以结论得证。证毕。

定理 4.2.5 （1）如果以下条件之一成立：

① $\alpha \geq 1/c, h < c$ 且 $\gamma \in (0, \omega_1) \cup (\omega_2, \infty)$；

② $\alpha < 1/c, h \leq h_0$ 且 $\gamma \leq \omega_1$；

③ $\alpha < 1/c, h < h_1$ 且 $\gamma \geq \omega_2$；

则 E_3 为系统（4.2）的一个双曲的稳定结点；

（2）如果以下条件之一成立

① $\alpha \geq 1/c, h < c$ 且 $\omega_1 < \gamma < \omega_2$；

② $\alpha < 1/c, h \in (0, h_0) \cup (h_0, h_1)$ 且 $\omega_1 < \gamma < \omega_2$；

则 E_3 为系统（4.2）的一个双曲的稳定焦点；

（3）如果 $\alpha < 1/c, h_0 < h < h_1$ 且 $\gamma = \omega_0$，则 E_3 为系统（4.2）的一个弱焦点或中心；

（4）如果 $\alpha < 1/c, h_0 < h < h_1$ 且 $\gamma \leq \omega_2$，则 E_3 为系统（4.2）的一个双曲的不稳定结点；

（5）如果 $\alpha < 1/c, h_0 < h < h_1$ 且 $\omega_1 < \gamma < \omega_0$，则 E_3 为系统（4.2）的一个双曲的不稳定焦点。

证明：由式（4.13）和式（4.14）可知

$$|A(E_3)| = \frac{\gamma y_3}{c+y_3} r(x_3) = \frac{\gamma y_3}{c+y_3}\sqrt{\Delta} > 0$$

且

$$\mathrm{tr}(A(E_3)) = -\gamma x_3 + \frac{y_3 \delta}{x_3(c+y_3)} = x_3(-\gamma + \omega_0)$$

根据 ω_0 和 δ 的表达式，有 $\delta < 0$ 当且仅当 $\omega_0 < 0$。所以有

（A1）如果 $\delta \leq 0$，则 $\mathrm{tr}(A(E_3)) < 0$；

（A2）如果 $\delta > 0$，则 $\mathrm{tr}(A(E_3)) < 0$ 等价于 $\gamma > \omega_0$。

又由于

$$(\mathrm{tr}(A(E_3)))^2 - 4|A(E_3)| = \left(-\gamma x_3 + \frac{y_3 \delta}{x_3(c+y_3)}\right)^2 - \frac{4\gamma y_3 r(x_3)}{c+y_3}$$

$$= \gamma^2 x_3^2 - \frac{2y_3(\delta + 2r(x_3))}{c+y_3}\gamma + \frac{y_3^2 \delta^2}{x_3^2(c+y_3)^2}$$

$$= x_3^2(\gamma - \omega_1)(\gamma - \omega_2)$$

注意 $\omega_1 < \omega_2$。因此

（B）$(\mathrm{tr}(A(E_3)))^2 - 4|A(E_3)| \geq 0$ 等价于 $\gamma \leq \omega_1$ 或 $\gamma \geq \omega_2$。

根据 ω_0, ω_1 和 ω_3 的表达式，有

（C1）如果 $\delta > 0$，则 $0 < \omega_1 < \omega_0 < \omega_2$；

（C2）如果 $\delta \leq 0$ 且 $\delta + r(x_3) > 0$，则 $\omega_0 < 0 < \omega_1 < \omega_2$。

因此由（A1），（A2），（B），（C1），（C2）和引理 4.2.2 可知结论成立。证毕。

注 4.2.3 所谓的"生物控制悖论"是指，在一个生态系统中不可能存在一个被捕食者密度小且稳定的内部平衡点。由定理 4.2.4 和定理 4.2.5 可知 E_4 为一个鞍点，而 E_3 可以为稳定的结点或焦点。又由于 $x_4 > x_3$，所以所谓的"生物控制悖论"是不成立的。

另外根据 h_0 的表达式可知，由于 $h_0 - c = \dfrac{(1-\alpha c)^2}{(1+2\alpha)(2+c)} \geq 0$，所以 $h_0 \geq c$。因此由定理 4.2.2（2）和定理 4.2.5（1）②、③或（2）②、③可知，在适当的参数条件下系统（4.2）将会同时有两个稳定的平衡点（E_1 和 E_3）即发生了所谓的双稳定情况。因此，适当的参数条件下，初值在某些区域内时捕食者将会灭绝，而在其他的某些区域内时捕食者与被捕食者将会共存下来。

4.3 分岔分析

4.3.1 跨临界分岔和音叉分岔

下面将利用 Sotomayor 定理来证明系统（4.2）在平衡点 E_1 附近的分岔行为，其中包括跨临界分岔和音叉分岔。在系统（4.2）中作如下一些简单的记号 $\boldsymbol{X} = (x,y)^\mathrm{T}, \boldsymbol{X}_0 = (1,0)^\mathrm{T}$，$f(\boldsymbol{X},h) = (f_1(\boldsymbol{X},h), f_2(\boldsymbol{X},h))^\mathrm{T}$，其中

$$f_1(\boldsymbol{X},h) = \gamma x(1-x-y), f_2(\boldsymbol{X},h) = y\left(1-\dfrac{\alpha y}{x}\right) - \dfrac{hy}{c+y}$$

此时系统（4.2）可以写成 $\dot{\boldsymbol{X}} = f(\boldsymbol{X},h)$ 且 $f(\boldsymbol{X}_0,h) \equiv 0$。

由式（4.9）可知，当 $h = c$ 时矩阵 $\boldsymbol{A} = \mathrm{D}f(\boldsymbol{X}_0,c)$ 有一个简单的零特征值

$\lambda=0$，其对应的特征向量为 $v=(1,-1)^{\mathrm{T}}$，而转置矩阵 A^{T} 的零特征值对应的特征向量为 $\omega=(0,1)^{\mathrm{T}}$。通过简单的计算有条件成立：

$$\omega^{\mathrm{T}} f_h(X_0,c)=0,\ \omega^{\mathrm{T}}[\mathrm{D}f_h(X_0,c)v]=1/c\neq 0$$

且

$$\omega^{\mathrm{T}}[\mathrm{D}^2 f(X_0,c)(v,v)]=-2(\alpha-1/c)\neq 0$$

因此根据引理 2.3.2 可知，当 $h=c\neq 1/\alpha$ 时系统（4.2）在平衡点 E_1 附近发生了跨临界分岔。

同理，当 $h=c=1/\alpha$ 时，

$$\omega^{\mathrm{T}} f_h(X_0,c)=0,\ \omega^{\mathrm{T}}[\mathrm{D}f_h(X_0,c)v]=1/c\neq 0,\ \omega^{\mathrm{T}}[\mathrm{D}^2 f(X_0,c)(v,v)]=0$$

且

$$\omega^{\mathrm{T}}[\mathrm{D}^3 f(X_0,c)(v,v,v)]=6(\alpha+1/c^2)\neq 0$$

根据引理 2.3.3 可知，当 $h=c=1/\alpha$ 时系统（4.2）在平衡点 E_1 附近发生了音叉分岔。

4.3.2 Hopf 分岔

在定理 4.2.5（3）中知道，当 $\alpha<1/c\ h_0<h<h_1$ 且 $\gamma=\omega_0$ 时，则 E_3 为弱焦点或中心。所以系统（4.2）在 E_3 附近可能发生 Hopf 分岔。这一节的目的就是研究 Hopf 分岔及其分岔方向。

为了方便研究，首先通过平移变换 $u=x-x_3, v=y-y_3$ 将 $E_3=(x_3,y_3)$ 平移到原点，此时系统（4.2）变成了系统

$$\begin{cases}\dot{u}=a_{10}u+a_{01}v+a_{20}u^2+a_{11}uv\\ \dot{v}=b_{10}u+b_{01}v+b_{20}u^2+b_{11}uv+b_{02}v^2+b_{30}u^3+b_{21}u^2v+b_{12}uv^2+b_{03}v^3+o(|(u,v)|^3)\end{cases}$$

其中，

$$a_{10}=a_{01}=-\omega_0 x_3, a_{20}=a_{11}=-\omega_0, b_{01}=1-\frac{2\alpha y_3}{x_3}-\frac{hc}{(c+y_3)^2},$$

$$b_{10} = \frac{\alpha y_3^2}{x_3^2}, b_{20} = -\frac{\alpha y_3^2}{x_3^3}, b_{11} = \frac{2\alpha y_3}{x_3^2}, b_{02} = \frac{hc}{(c+y_3)^3} - \frac{\alpha}{x_3},$$

$$b_{30} = \frac{\alpha y_3^2}{x_3^4}, b_{21} = -\frac{2\alpha y_3}{x_3^3}, b_{12} = \frac{\alpha}{x_3^2}, b_{03} = -\frac{hc}{(c+y_3)^4}$$

通过平移变化之后 $(0,0)$ 为以上系统的弱焦点或中心，其 Jacobi 矩阵为

$$A(0,0) = \begin{bmatrix} -\omega_0 x_3 & -\omega_0 x_3 \\ \dfrac{\alpha y_3^2}{x_3^2} & 1 - \dfrac{2\alpha y_3}{x_3} - \dfrac{hc}{(c+y_3)^2} \end{bmatrix}$$

通过直接的计算可知

$$\operatorname{tr}(A(0,0)) = 0 \text{ 且 } D = |A(0,0)| = \frac{\omega_0 y_3}{c+y_3}\sqrt{\Delta} > 0$$

并且得

$$\xi_1 = -\frac{\alpha \omega_0^2 y_3^2}{x_3}(\omega_0 - b_{02}), \xi_2 = \omega_0^2 x_3^2 \left(\frac{4\alpha^2 y_3^2}{x_3^4} - \frac{2\alpha \omega_0 y_3}{x_3^2} - \omega_0 b_{02}\right), \xi_3 = 0,$$

$$\xi_4 = \frac{2\alpha \omega_0 y_3^2 b_{02}^2}{x_3}, \xi_5 = -2\omega_0^2 x_3^2 \left(\omega_0^2 + \frac{\alpha y_3^2}{x_3^2} b_{02}\right), \xi_6 = -\frac{2\alpha \omega_0^2 y_3^2}{x_3}\left(\omega_0 - \frac{\alpha y_3}{x_3^2}\right),$$

$$\xi_7 = -\omega_0 x_3 \left(\frac{\alpha y_3^2}{x_3^2} + 2\omega_0 x_3\right)\left(\frac{2\alpha y_3}{x_3^2} b_{02} - \omega_0^2\right),$$

$$\xi_8 = -\omega_0 x_3 \left(\omega_0 x_3 - \frac{\alpha y_3^2}{x_3^2}\right)\left(\frac{3\alpha y_3^2}{x_3^2} b_{03} - \frac{2\omega_0 \alpha}{x_3} - \frac{2\omega_0 \alpha y_3}{x_3^2}\right)$$

由于 $x_3 + y_3 = 1$，因此

$$\sum_{i=1}^{8} \xi_i = 2\alpha \omega_0^3 x_3 - \frac{2\alpha \omega_0^3 y_3^2}{x_3} + \frac{2\alpha^2 \omega_0^2 y_3^2}{x_3^2} - \left(\omega_0^3 x_3^2 + 4\alpha \omega_0^2 y_3 + \frac{\alpha \omega_0^2 y_3^2}{x_3} + \frac{2\omega_0 \alpha^2 y_3^3}{x_3^3}\right) b_{02} +$$

$$\frac{2\alpha \omega_0 y_3^2}{x_3} b_{02}^2 - 3\alpha \omega_0 y_3^2 \left(\omega_0 - \frac{\alpha y_3^2}{x_3^3}\right) b_{03} = \omega_0 \sum_{i=1}^{3} \eta_i$$

其中,

$$\eta_1 = \frac{\alpha\omega_0}{x_3}(1+\alpha)(4+x_3) - \frac{\alpha\omega_0}{x_3^3}[(2+9\alpha)x_3 - 4\alpha] + \frac{2\alpha^3 y_3^2}{x_3^4},$$

$$\eta_2 = -\frac{hc}{(c+y_3)^3}\left[\omega_0 x_3 - \alpha\omega_0(6-c-x_3) + \frac{\alpha\omega_0(4c+7)}{x_3} - \frac{2\alpha\omega_0(1+c)}{x_3^2} + \frac{2\alpha^2 y_3^2(1+x_3)}{x_3^3}\right],$$

$$\eta_3 = -\frac{hc}{(c+y_3)^4}\left(3c\alpha\omega_0 y_3 + \frac{3\alpha^2 y_3^4}{x_3^3} - \frac{hc\omega_0 x_3}{c+y_3} - \frac{2hc\alpha y_3^2}{x_3(c+y_3)^2}\right)$$

因此由式（2.16）可知其第一 Lyapunov 系数为

$$\sigma = -\frac{3\pi}{2a_{01}D^{3/2}}\sum_{i=1}^{8}\xi_i = \frac{3\pi\Delta^{-\frac{3}{4}}}{2x_3}\left(\frac{c+y_3}{\omega_0 y_3}\right)^{\frac{3}{2}}\sum_{i=1}^{3}\eta_i$$

所以有如下的结论。

定理 4.3.1 假设 $\alpha < 1/c$, $h_0 < h < h_1$ 且 $\gamma = \omega_0$，则

（1）如果 $\sigma < 0$，那么系统（4.2）在平衡点 E_3 附近发生超临界的 Hopf 分岔，且随着分岔值 $\mu = a_{10} + b_{01}$ 从零处开始减小时，系统中将会有一个稳定的极限环出现；

（2）如果 $\sigma = 0$，那么系统（4.2）在平衡点 E_3 附近发生退化的 Hopf 分岔，此时在适当的参数条件下系统中将会有两个极限环出现；

（3）如果 $\sigma > 0$，那么系统（4.2）在平衡点 E_3 附近发生亚临界的 Hopf 分岔，且随着分岔值 $\mu = a_{10} + b_{01}$ 从零处开始增加时，系统中将会有一个不稳定的极限环出现。

4.3.3 余维二的 Bogdanov-Takens 分岔

由定理 4.2.3（2）可知，当 $\alpha < 1/c, h = h_1, \gamma = \gamma_2$ 且 $\alpha \neq \alpha(c)$ 时，E_2 为余维二的尖点。在这一节将重点探究 Bogdanov-Takens 分岔，将找到合适的参数条件使得系统（4.2）在 E_2 附近出现 Bogdanov-Takens 分岔现象。事实上，有如下的结论。

定理 4.3.2 当 $\alpha < 1/c, h = h_1, \gamma = \gamma_2$ 且 $\alpha > \alpha(c)(\alpha < \alpha(c))$ 时，则系统（4.2）有唯一的内部平衡点 E_2，其为余维二的尖点。如果选择 (h, γ) 为分岔参数时，

那么当(h,γ)在(h_1,γ_2)附近的一个小邻域上变化时，系统（4.2）在平衡点E_2附近将会发生排斥（吸引）的余维二的 Bogdanov-Takens 分岔。因此存在适当的参数使得系统（4.2）有一个不稳定（稳定）的极限环，也存在其他适当的参数使得系统（4.2）有一个不稳定（稳定）的同宿轨环。

证明：选择h和γ为分岔参数，考虑如下系统（4.2）的扰动系统，如式（4.31）所示：

$$\begin{cases} \dot{x} = (\gamma_2+\varepsilon_1)x(1-x-y) \\ \dot{y} = y\left(1-\dfrac{\alpha y}{x}\right)-\dfrac{(h_1+\varepsilon_2)y}{c+y} \end{cases} \tag{4.31}$$

显然当$\varepsilon_1=\varepsilon_2=0$时，系统（4.31）有唯一内部平衡点，为$E_2$，且其为余维二的尖点。

首先将(x_2,y_2)平移到原点。令$u=x-x_2, v=y-y_2$，则系统（4.31）变为

$$\begin{cases} \dot{u} = p_{10}u+p_{01}v+p_{20}u^2+p_{11}uv \\ \dot{v} = q_0+q_{10}u+q_{01}v+q_{20}u^2+q_{11}uv+q_{02}v^2+Q_1(u,v,\varepsilon_1,\varepsilon_2) \end{cases} \tag{4.32}$$

其中，

$$p_{10}=p_{01}=-\gamma_2 x_2-x_2\varepsilon_1, p_{20}=p_{11}=-\gamma_2-\varepsilon_1, q_0=-\dfrac{y_2}{c+y_2}\varepsilon_2, q_{10}=\gamma_2 x_2,$$

$$q_{01}=\gamma_2 x_2-\dfrac{c}{(c+y_2)^2}\varepsilon_2, q_{20}=-\gamma_2, q_{11}=\dfrac{2\gamma_2 x_2}{y_2}, q_{02}=\dfrac{\gamma_2 x_2(c-x_2)}{y_2(c+y_2)}+\dfrac{c}{(c+y_2)^3}\varepsilon_2$$

且$Q_1(u,v,\varepsilon_1,\varepsilon_2)$是关于$(u,v)$（至少从三次项开始）和$(\varepsilon_1,\varepsilon_2)$的多项式。

再做变换

$$u_1=u, v_1=p_{10}u+p_{01}v+p_{20}u^2+p_{11}uv$$

此时系统（4.32）变为

$$\begin{cases} \dot{u}_1 = v_1 \\ \dot{v}_1 = k_0+k_{10}u_1+k_{01}v_1+k_{20}u_1^2+k_{11}u_1v_1+k_{02}v_1^2+Q_2(u_1,v_1,\varepsilon_1,\varepsilon_2) \end{cases} \tag{4.33}$$

其中，

$$k_0 = p_{01}q_0 = \frac{\gamma_2 x_2 y_2}{c+y_2}\varepsilon_2 + o(|\varepsilon|^2), \quad k_{01} = p_{10} + q_{01} = -x_2\varepsilon_1 - \frac{c}{(c+y_2)^2}\varepsilon_2,$$

$$k_{10} = p_{01}q_{10} - p_{10}q_{01} + p_{11}q_0 = \frac{\gamma_2(y_2^2 + 2cy_2 - c)}{(c-y_2)^2}\varepsilon_2 + o(|\varepsilon|^2),$$

$$k_{20} = p_{01}q_{20} - p_{20}q_{01} + p_{11}q_{10} - p_{10}q_{11} + \frac{p_{10}^2 q_{02}}{p_{01}}$$
$$= \frac{\gamma_2^2 x_2(1+c)}{y_2(c+y_2)} + \frac{\gamma_2 x_2(1+c)}{y_2(c+y_2)}\varepsilon_1 - \frac{\gamma_2 c(1+c)}{(c+y_2)^3}\varepsilon_2 + o(|\varepsilon|^2),$$

$$k_{11} = 2p_{20} + q_{11} - \frac{1}{p_{01}}(p_{10}p_{11} + 2p_{10}q_{02}) = -\frac{\gamma_2(y_2^2 + cy_2 - 2x_2)}{y_2(c+y_2)}\varepsilon_1 - \frac{2c}{(c+y_2)^3}\varepsilon_2,$$

$$k_{02} = \frac{1}{p_{01}}(p_{11} + q_{02}) = \frac{1}{x_2} + \frac{x_2-c}{y_2(c+y_2)} + \frac{c-x_2}{\gamma_2 y_2(c+y_2)}\varepsilon_1 - \frac{c}{\gamma_2 x_2(c+y_2)^3}\varepsilon_2 + o(|\varepsilon|^2)$$

且 $Q_2(u_1, v_1, \varepsilon_1, \varepsilon_2)$ 是关于 (u_1, v_1)（至少从三次项开始）和 $(\varepsilon_1, \varepsilon_2)$ 的多项式。

而当 $\varepsilon_1 \to 0, \varepsilon_2 \to 0$ 时，可知 $k_{20} \to \frac{\gamma_2^2 x_2(1+c)}{y_2(c+y_2)} > 0$。因此当 $\varepsilon_1, \varepsilon_2$ 很小时，如下的变换是有意义的。令 $u_2 = u_1 + \frac{k_{10}}{2k_{20}}, v_2 = v_1$，则系统（4.33）变为

$$\begin{cases} \dot{u}_2 = v_2 \\ \dot{v}_2 = r_0 + r_1 v_2 + k_{20}u_2^2 + k_{11}u_2 v_2 + k_{02}v_2^2 + Q_3(u_2, v_2, \varepsilon_1, \varepsilon_2) \end{cases} \quad (4.34)$$

其中，

$$r_0 = k_0 - \frac{k_{10}^2}{4k_{20}} = \frac{\gamma_2 x_2 y_2}{c+y_2}\varepsilon_2 + o(|\varepsilon|^2),$$

$$r_1 = k_{01} - \frac{k_{10}k_{11}}{2k_{20}} = -x_2\varepsilon_1 - \left(\frac{c}{(c+y_2)^2} - \frac{(y_2^2 + 2y_2 c - c)(y_2^2 + cy_2 - 2x_2)}{2x_2(1+c)(c+y_2)^2}\right)\varepsilon_2 + o(|\varepsilon|^2)$$

且 $Q_3(u_2, v_2, \varepsilon_1, \varepsilon_2) = Q_2\left(u_2 - \frac{k_{10}}{2k_{20}}, v_2, \varepsilon_1, \varepsilon_2\right)$。

引入新的时间变量 τ，使得 $dt = (1-k_{02}u_2)d\tau$，并假设以下求导均是关于 τ 的。为了方便书写仍记为 t。此时系统（4.34）变为

$$\begin{cases} \dot{u}_2 = (1-k_{02}u_2)v_2 \\ \dot{v}_2 = (1-k_{02}u_2)(r_0 + r_1v_2 + k_{20}u_2^2 + k_{11}u_2v_2 + k_{02}v_2^2 + Q_3(u_2,v_2,\varepsilon_1,\varepsilon_2)) \end{cases} \quad (4.35)$$

再令

$$u_3 = u_2, v_3 = (1-k_{02}u_2)v_2$$

则系统（4.35）变为

$$\begin{cases} \dot{\overline{u}}_3 = v_3 \\ \dot{\overline{v}}_3 = r_0 - 2r_0k_{02}u_3 + r_1v_3 + (k_{20}+r_0k_{02}^2)u_3^2 + (k_{11}-r_1k_{02})u_3v_3 + Q_4(u_3,v_3,\varepsilon_1,\varepsilon_2) \end{cases} \quad (4.36)$$

其中，$Q_4(u_3,v_3,\varepsilon_1,\varepsilon_2)$ 是关于 (u_3,v_3)（至少从三次项开始）和 $(\varepsilon_1,\varepsilon_2)$ 的多项式。

再取

$$u_4 = u_3 - \frac{r_0k_{02}}{k_{20}+r_0k_{02}^2}, v_4 = v_3$$

此时系统（4.36）变为

$$\begin{cases} \dot{u}_4 = v_4 \\ \dot{v}_4 = \lambda_1 + \lambda_2 v_4 + \lambda_3 u_4^2 + \lambda_4 u_4 v_4 + Q_5(u_4,v_4,\varepsilon_1,\varepsilon_2) \end{cases} \quad (4.37)$$

其中，

$$\lambda_1 = r_0\left(1-\frac{r_0k_{02}^2}{k_{20}+r_0k_{01}^2}\right) = \frac{r_2x_2y_2}{c+y_2}\varepsilon_2 + o(|\varepsilon|^2),$$

$$\lambda_2 = r_1 + \frac{r_0k_{02}}{k_{20}+r_0k_{02}^2}(k_{11}-r_1k_{02})$$
$$= -x_2\varepsilon_1 - \left(\frac{c}{(c+y_2)^2} + \frac{(2x_2^2+y_2^2+2y_2c-c)(y_2^2+cy_2-2x_2)}{2x_2(1+c)(c+y_2)^2}\right)\varepsilon_2 + o(|\varepsilon|^2),$$

$$\lambda_3 = k_{20} + r_0k_{02}^2$$
$$= \frac{r_2^2x_2(1+c)}{y_2(c+y_2)} + \frac{r_2x_2(1+c)}{y_2(c+y_2)}\varepsilon_1 -$$
$$\frac{r_2[c(1+c)x_2y_2 - (x_2^2+y_2^2+cy_2-cx_2)^2]}{x_2y_2(c+y_2)^3}\varepsilon_2 + o(|\varepsilon|^2),$$

105

$$\lambda_4 = k_{11} - r_1 k_{02}$$
$$= -\frac{r_2(y_2^2 + cy_2 - 2x_2)}{y_2(c+y_2)} + \frac{x_2(x_2-c)}{y_2(c+y_2)}\varepsilon_1 + \left[\frac{c(y_2-x_2)(y_2-x_2+c)}{x_2 y_2(c+y_2)^3} - \frac{(x_2^2 + y_2^2 + cy_2 - cx_2)(y_2^2 + 2cy_2 - c)(y_2^2 + cy_2 - 2x_2)}{2x_2^2 y_2(1+c)(c+y_2)^3}\right]\varepsilon_2 + o(|\varepsilon|^2)$$

且 $Q_5(u_4, v_4, \varepsilon_1, \varepsilon_2) = Q_4\left(u_4 + \dfrac{r_0 k_{02}}{k_{20} + r_0 k_{02}^2}, v_4, \varepsilon_1, \varepsilon_2\right)$。

注意到当 $\varepsilon_i \to 0, (i=1,2)$ 时，则 $\lambda_1 \to 0, \lambda_2 \to 0, \lambda_3 \to k_{20} > 0$ 且 $\lambda_4 \to k_{11} > 0$。因此有 $\lambda_3 \lambda_4 \to k_{20} k_{11} > 0$ 成立。为得到 Bogdanov-Takens 分岔的普适开折，最后做变换

$$u_5 = \frac{\lambda_4^2}{\lambda_3^2} u_4, \; v_5 = \frac{\lambda_4^3}{\lambda_3^2} v_4, \; \tau = \frac{\lambda_3}{\lambda_4} t$$

并将 τ 替换回 t，则系统（4.37）变为

$$\begin{cases} \dot{u}_5 = v_5 \\ \dot{v}_6 = \mu_1 + \mu_2 v_5 + u_5^2 + u_5 v_5 + Q_6(u_5, v_5, \varepsilon_1, \varepsilon_2) \end{cases} \quad (4.38)$$

其中，

$$\mu_1 = \frac{\lambda_1 \lambda_4^4}{\lambda_3^3} = \frac{(y_2^2 + cy_2 - 2x_2)^4}{\gamma_2 x_2^2 (1+c)^3 (c+y_2)^2}\varepsilon_2 + o(|\varepsilon|^2),$$

$$\mu_2 = \frac{\lambda_2 \lambda_4}{\lambda_3} = \frac{y_2^2 + cy_2 - 2x_2}{\gamma_2(1+c)}\varepsilon_1 +$$
$$\frac{y_2^2 + cy_2 - 2x_2}{\gamma_2 x_2(1+c)}\left[\frac{c}{(c+y_2)^2} + \frac{(2x_2^2 + y_2^2 + 2y_2 c - c)(y_2^2 + cy_2 - 2x_2)}{2x_2(1+c)(c+y_2)^2}\right]\varepsilon_2 + o(|\varepsilon|^2)$$

且 $Q_6(u_5, v_5, \varepsilon_1, \varepsilon_2) = \dfrac{1}{\lambda_3 \lambda_4} Q_5\left(\dfrac{\lambda_3}{\lambda_4^2} u_5, \dfrac{\lambda_3^2}{\lambda_4^3} v_5, \varepsilon_1, \varepsilon_2\right)$。

下面计算 (μ_1, μ_2) 关于 $(\varepsilon_1, \varepsilon_2)$ 的 Jacobi 矩阵。经计算可得

$$\left|\frac{\partial(\mu_1,\mu_2)}{\partial(\varepsilon_1,\varepsilon_2)}\right|_{(\varepsilon_1,\varepsilon_2)(0,0)}$$

$$=\left|\begin{array}{cc} 0 & \dfrac{(y_2^2+cy_2-2x_2)^4}{\gamma_2 x_2^2(1+c)^3(c+y_2)^2} \\ \dfrac{y_2^2+cy_2-2x_2}{\gamma_2(1+c)} & \dfrac{c(y_2^2+cy_2-2x_2)}{\gamma_2 x_2(1+c)(c+y_2)^2}+\dfrac{(2x_2^2+y_2^2+2y_2c-c)(y_2^2+cy_2-2x_2)^2}{2\gamma_2 x_2^2(1+c)(c+y_2)^2} \end{array}\right|$$

$$=-\frac{(y_2^2+cy_2-2x_2)^5}{\gamma_2^2 x_2^2(1+c)^4(c+y_2)^2}$$

$$=\frac{[(1+c)(\alpha-\alpha(c))(1+\alpha+\alpha(c))(c^2+4c+12)]^5}{\gamma_2^2 x_2^2(1+c)^4(c+y_2)^2[(1+\alpha)^2(x_2^2+(4+c)x_2+1+c)]^5}>0$$

这说明当 $(\varepsilon_1,\varepsilon_2)$ 很小的时候，仍有 $\left|\dfrac{\partial(\mu_1,\mu_2)}{\partial(\varepsilon_1,\varepsilon_2)}\right|<0$，从而以上变换均是等价变换，这意味着以上各系统之间彼此均是等价的。由文献[40, 71]可知结论成立。证毕。

因此，当 $(\varepsilon_1,\varepsilon_2)$ 在 $(0,0)$ 的一个很小的邻域内时，根据文献[13, 94]中的 Bogdanov-Takens 分岔定理或本书的引理 2.3.6，可以得到如下的分岔曲线。

定理 4.3.3 假设 $\lambda_1,\lambda_2,\lambda_3$ 和 λ_4 均取自式（4.37），有如下结论成立。

（1）系统（3.2）将会发生鞍-结分岔，且其鞍-结分岔曲线为

$$SN=\{(\varepsilon_1,\varepsilon_2)\,|\,\lambda_1=0,\lambda_2\lambda_3\lambda_4\neq 0\}$$

（2）系统（3.2）将会发生 Hopf 分岔，且其 Hopf 分岔曲线为

$$H=\{(\varepsilon_1,\varepsilon_2)\,|\,\lambda_1\lambda_4^2+\lambda_2^2\lambda_3=0,\lambda_2\lambda_3\lambda_4>0\}$$

（3）系统（3.2）将会发生同宿轨分岔，且其同宿轨分岔曲线为

$$HL=\{(\varepsilon_1,\varepsilon_2)\,|\,25\lambda_1\lambda_4^2+49\lambda_2^2\lambda_3=o(|\varepsilon|^2),\lambda_2\lambda_3\lambda_4>0\}$$

注 4.3.1 从生物学的角度来说，鞍-结分岔的出现说明，当参数穿过它的临界值时，系统（4.2）可能有 0 个、1 个或 2 个内部平衡点，这意味着在适当的参数条件下，对于不同的初值条件系统中的捕食者与被捕食者种群，均可以以正平衡点的状态共存；Hopf 分岔或同宿轨分岔的出现，则说明系统中将会至少出现一个极限环或同宿轨道，而这意味着在适当的参数条件下，当

系统的初值条件在极限环内部或同宿轨道内部的时候，系统中的捕食者与被捕食者种群均可以以正平衡点的形式共存，而当系统的初值条件在极限环上或同宿轨道上的时候，系统中的捕食者与被捕食者种群均以有限周期的周期解或无限周期的周期解形式共存。

4.4 数值模拟

在本节我们将通过数值模拟对前面几节里的理论知识分别加以验证。

（1）取 $(\gamma,\alpha,c,h) = (0.5215, 0.6559, 1.8185, 1.9207)$，经计算可以得到 $h_1 = 1.8238 < h$ 且 $h > c$。此时满足定理 4.2.1（1）、4.3.1 以及定理 4.3.2（2）的条件，所以我们可知，系统（4.2）没有内部平衡点，而边界平衡点 E_0 为一个鞍点，E_1 为一个稳定的结点。事实上，E_1 的稳定是全局渐进稳定的，如图 4.2 所示。

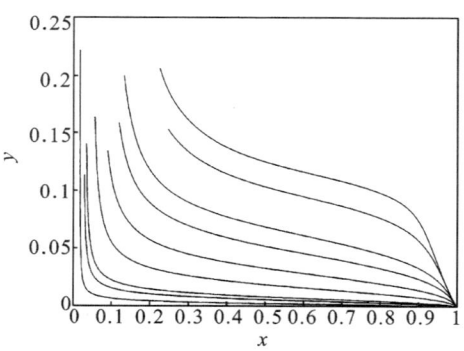

图 4.2　E_0 为鞍点且 E_1 为稳定结点

（2）取 $(\gamma,\alpha,c,h) = (1.3385, 0.6061, 0.1114, 0.1105)$，经过简单的计算可以得到 $x_2 = 0.3326, y_2 = 0.6674, h_1 = 0.1105 = h, \gamma_2 = 1.3385 = \gamma, \alpha(c) = 0.0824 \neq \alpha$ 且 $h < c$。此时满足定理 4.2.2（1）以及定理 4.2.3（2）的条件，所以我们可知系统（4.2）有唯一的内部平衡点 $E_2(x_2, y_2)$，其为余维二的尖点，而边界平衡点 E_1 为一个鞍点，如图 4.3 所示。

（3）取 $(\gamma,\alpha,c,h) = (0.3215, 0.6559, 1.4354, 1.0274)$，经过简单的计算可以得到 $x_3 = 0.5981, y_3 = 0.4019, \omega_1 = 0.0961, \omega_2 = 2.9506$ 且 $h_0 = 1.4358$。此时 $h < c < h_0$

且 $\omega_1 < \gamma < \omega_2$，满足定理 4.2.1、定理 4.2.5（2）的条件，所以系统（4.2）有两个边界平衡点 E_0, E_1，均为鞍点，和唯一的一个内部平衡点 E_3，且其为稳定的焦点，如图 4.4 所示。

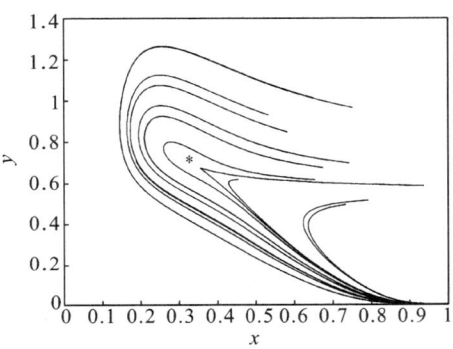

图 4.3　余维二的尖点

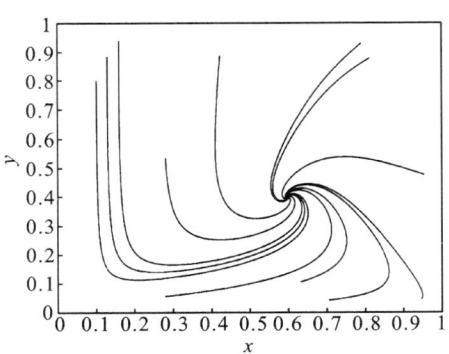

图 4.4　唯一内部平衡点 E_3

（4）取 $(\gamma, \alpha, c, h) = (0.1086, 0.9559, 0.5354, 0.5675)$，经过简单的计算可以得到 $x_3 = 0.8312, y_3 = 0.1688, x_4 = 0.9028, y_4 = 0.0972, \omega_1 = 6.677 \times 10^{-6}, \omega_2 = 0.1919$ 并且有 $h_0 = 0.5677$。此时 $h < c < h_0$ 且 $\omega_1 < \gamma < \omega_2$，满足定理 4.2.1、定理 4.2.4、定理 4.2.5（2）的条件，所以系统（4.2）有两个内部平衡点 E_3, E_4 和两个边界平衡点 E_0, E_1，其中为 E_1 稳定结点、E_3 为稳定焦点、E_0 和 E_4 为鞍点，所谓的双稳定情形出现，如图 4.5 所示。

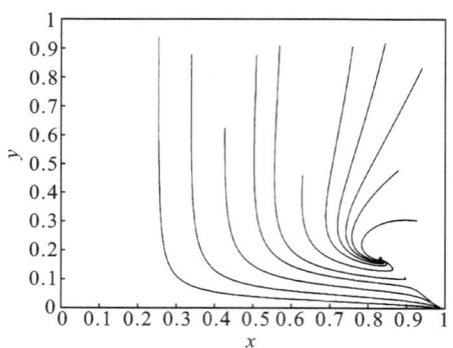

图 4.5 同时存在双稳定的平衡点

（5）取 $(\gamma,\alpha,c,h) = (0.4459, 0.1123, 0.7154, 1.071)$，经过简单的计算可以得到 $x_3 = 0.3323$，$y_3 = 0.6677$，$x_4 = 0.5212$，$y_4 = 0.4788$，$h_0 = 0.9697$，$h_1 = 1.0945$，$\omega_0 = 0.4459$ 且满足 $\alpha < 1/c$ 和 $c < h_0 < h < h_1$。我们还得到 $D = 0.0452 > 0$，$\sigma = -10.566 < 0$。根据定理 4.2.2（2）、定理 4.2.4、定理 4.3.1（1）可知 E_1 为一个稳定的结点、E_4 为鞍点、E_3 为重数为一的不稳定的弱焦点，且系统在 E_3 附近将会出现一个稳定的极限环，如图 4.6 所示。

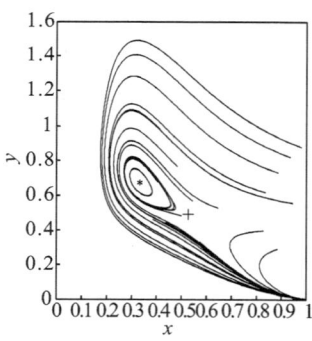

图 4.6 一个稳定的极限环

（6）取 $(\gamma,\alpha,c,h) = (0.4183, 0.1123, 0.7154, 1.063\ 609\ 962)$，经过简单的计算可以得到 $x_3 = 0.3216$，$y_3 = 0.6784$，$x_4 = 0.5386$，$y_4 = 0.4614$，$h_0 = 0.9697$，$h_1 = 1.0945$，$\omega_0 = 0.4183$ 且满足 $\alpha < 1/c$ 和 $c < h_0 < h < h_1$。我们还得到 $D = 0.0491 > 0$，$\sigma = 0$。根据定理 4.2.2（2）、定理 4.2.4 以及定理 4.3.1（2）可知，E_1 为

一个稳定的结点、E_4 为鞍点、E_3 为重数为二的弱焦点,且系统在 E_3 附近将会出现两个极限环,如图 4.7 所示。

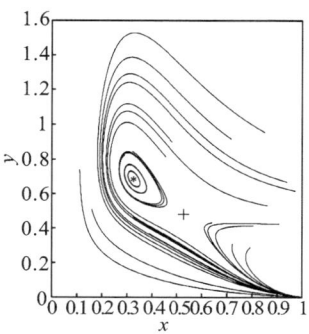

图 4.7　两个极限环

（7）取 $(\gamma,\alpha,c,h) = (0.4160, 0.1123, 0.7154, 1.063)$,经过简单的计算可以得到 $x_3 = 0.3208$, $y_3 = 0.6792$, $x_4 = 0.5399$, $y_4 = 0.4601$, $h_0 = 0.9697$, $h_1 = 1.0945$, $\omega_0 = 0.4160$ 且满足 $\alpha < 1/c$ 和 $c < h_0 < h < h_1$。由定理 4.2.2（2）、定理 4.2.4 以及定理 4.3.1（3）可知,E_1 为一个稳定的结点、E_4 为鞍点、E_3 为重数为一的稳定的弱焦点,且系统在 E_3 附近将会出现一个不稳定的极限环,如图 4.8 所示。

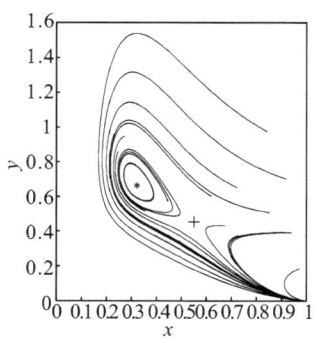

图 4.8　一个不稳定的极限环

对于 4.3.3 节中有关余维二的 Bogdanov-Takens 分岔,仅对于排斥的余维二的 Bogdanov-Takens 分岔进行数值模拟。而对于吸引的余维二的 Bogdanov-Takens 分岔,可以进行类似的数值模拟,在此不再重复。此时在系统（4.31）中取定 $(\gamma, \alpha, c, h) = (0.6172, 0.111\,63, 0.605\,997, 1.004\,1)$。

（8）当取 $(\varepsilon_1, \varepsilon_2) = (0, 0)$ 时，系统（4.31）有唯一的一个非双曲的内部平衡点 $E_2 = (0.4016, 0.5984)$，且该平衡点为余维二的尖点，如图 4.9 所示。

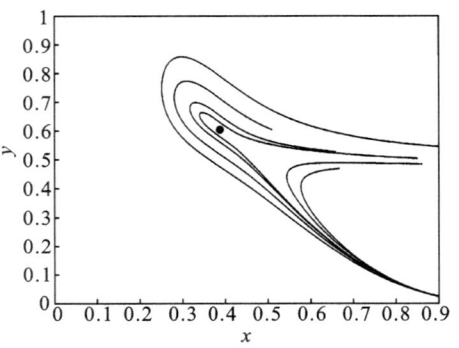

图 4.9 余维二的尖点

（9）当取 $(\varepsilon_1, \varepsilon_2) = (-0.067, -0.0167)$ 时，系统（4.31）将会由于在 $E_3 = (0.3311, 0.6689)$ 的一个小邻域内发生 Hopf 分岔而出现一个不稳定的极限环，并且此时平衡点 $E_4 = (0.4871, 0.5129)$ 为鞍点，如图 4.10 所示。

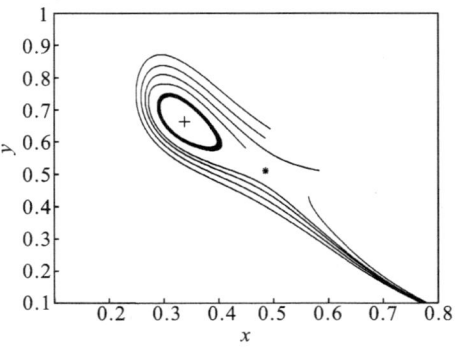

图 4.10 一个不稳定极限环

（10）当取 $(\varepsilon_1, \varepsilon_2) = (-0.0451, -0.0119)$ 时，系统（4.31）将会存在一个稳定的焦点 $E_3 = (0.3412, 0.6588)$、一个鞍点 $E_4 = (0.4721, 0.5273)$ 和一个不稳定的同宿轨环，如图 4.11 所示。

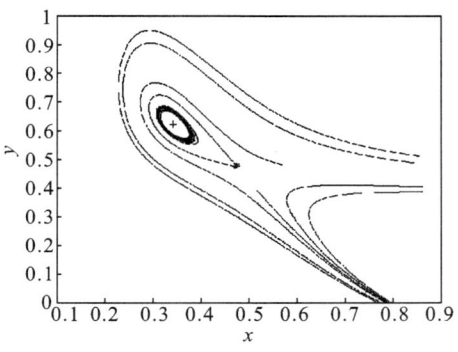

图 4.11　不稳定的同宿轨环

（11）当取 $(\varepsilon_1, \varepsilon_2) = (-0.017, -0.039)$ 时，系统（4.31）将会存在一个稳定的焦点 $E_3 = (0.2991, 0.7009)$ 和一个鞍点 $E_4 = (0.5391, 0.4609)$，如图 4.12 所示。

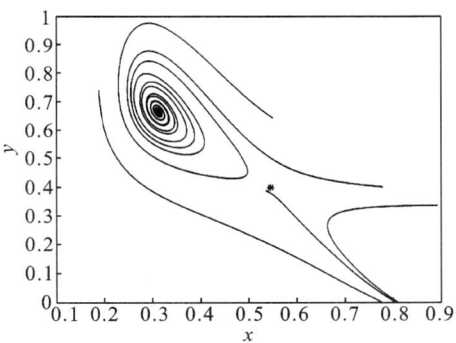

图 4.12　一个鞍点和一个稳定的焦点

4.5　本章小结

本章探究了一类带有 Michaelis-Menten 型捕食者收割项的 Leslie-Gower 捕食者与被捕食者模型。讨论了在所有可能的参数条件下平衡点的存在性，并进行了较为完整的定性分析和分岔研究。得到了各个平衡点（包括原点）的稳定性条件以及分岔条件，分析了各种可能的分岔现象。通过规范型理论研究了余维二的 Bogdanov-Takens 分岔，而且利用计算第一 Lyapunov 系数探究了由 Hopf 分岔而出现的极限环的稳定性。也找到了双稳定平衡点的存在性条件，并说明了生物控制悖论的矛盾性，并在最后对理论知识进行了数值分析。

在定理 4.2.3（3）中得到了系统（4.2）存在余维三的尖点的条件，这说明适当的参数条件下，系统可能发生余维三的 Bogdanov-Takens 分岔。即在定理 4.2.3（3）中可以通过合适的正则变换将系统（4.2）变成规范型形式：

$$\begin{cases} \dot{u} = v \\ \dot{v} = u^2 \pm u^3 v \end{cases}$$

这表明余维三的尖点为 Bogdanov-Takens 型尖点。此时可以通过选择 α, h, c 为分岔参数来研究系统（4.2）发生的余维三 Bogdanov-Takens 分岔现象。此时扰动系统具有普适开折：

$$\begin{cases} \dot{x} = y \\ \dot{y} = \varepsilon_1 + \varepsilon_2 y + \varepsilon_3 xy + x^2 + x^3 y + \cdots \end{cases}$$

这意味着系统中将会同时存在两个极限环，和同时存在一个极限环和一个同宿轨环等现象出现。相比于没有捕食者收割项的 Leslie-Gower 捕食者-被捕食者系统，带 Michaelis-Menten 型捕食者收割项的系统具有更加丰富的动力学性态。

另外根据第 4.2 节中 G 的表达式，通过计算机软件 MATLAB，可以得到 $\psi(6) = 6.83817 > 0$ 以及 $\alpha(6) = 0.08926$，所以 $G|_{c=6} > 0$。因此 $G|_{c=0} \times G|_{c=6} < 0$，再由 G 关于 c 的连续性，可以知道存在 $0 < c^* < 6$，使得当 $c = c^*$ 时有 $G = 0$，这意味着当 $c = c^*$ 时，系统的唯一内部平衡点为至少余维四的尖点。所以系统在该平衡点附近有可能发生至少余维四的分岔。由于问题的复杂性，在此不再探究。而且由于季节收割的合理性，还可以考虑带有季节性捕食者收割项的系统。这些都是留待以后要解决的问题。

5 一般性 Brusselator 系统的余维二 Turing-Hopf 分岔

在现实生活中，由于生命现象的复杂性，很多生命过程仅仅用一个简单的反应系统是无法刻画出其深刻含义的，为此需要人们在反应系统中加入耗散过程。因此，为了更好地研究生命世界中存在的模式和形式机制，很多学者利用耦合的反应-扩散方程构成的系统来刻画生命过程。事实上，著名的 Turing 理论表明，在反应-扩散系统中耗散项的存在，将会导致失稳现象或非一致空间模式的发生。我们知道，在动力学中失稳是系统发生分岔现象的一个基本机制，而分岔现象往往包含着更加丰富的动力学性态，所以探究反应-扩散系统中的分岔现象，尤其是高余维的分岔现象具有极为重要的意义。因此，本章我们将重点考虑用来刻画一个著名的化学反应震荡现象的带有一般性的 Brusselator 模型，如式（5.1）所示：

$$\begin{cases} \dfrac{\partial u}{\partial t} = d_1 \Delta u + a - (1+b)u + f(u)v, & x \in \Omega, t > 0 \\ \dfrac{\partial v}{\partial t} = d_2 \Delta v + bu - f(u)v, & x \in \Omega, t > 0 \\ \dfrac{\partial u}{\partial \nu} = \dfrac{\partial v}{\partial \nu} = 0, & x \in \partial\Omega, t > 0 \\ u(x,0) = u_0(x) \geq 0, v(x,0) = v_0(x) \geq 0, & x \in \Omega \end{cases} \quad (5.1)$$

以上各个字母的实际意义与系统（1.5）中的一样，在此不再赘述。

事实上，Ghergu 在文献[42]中指出，系统（5.1）中出现 Turing 模式与否依赖于函数 f 的非线性性。一般来说，当 f 为亚线性增长函数时，系统（5.1）中将不会出现 Turing 模式，而当 f 为超线性增长函数时，系统（5.1）会不会出现 Turing 模式则取决于参数 a,b 和耗散系数 d_1, d_2 之间的相互依赖关系。而在文献[84]中，Li 对系统（5.1）的某些分岔现象进行了分析，不仅得到了系统发生余维一 Hopf 分岔的横截性条件，并且还利用正规型理论和中心流形定理对系统出现 Hopf 分岔的分岔方向，以及由分岔得到的周期解的稳定性进行了讨论。

总之，在已有的文献中对系统（5.1）的讨论大多侧重于非常数正稳态解的存在性、Turing 模式的存在性、余维一的 Hopf 分岔以及余维一的稳态分岔等，而对于系统（5.1）是否会发生高余维的分岔，比如余维二的 Turing-Hopf

分岔，却很少有文章涉及。与余维一的 Hopf 分岔和稳态分岔不同，余维二的 Turing-Hopf 分岔有着十分丰富且复杂的动力学行为，比如混合时空周期模式的出现、显示空间和时间模式之间双稳定的区域结构以及时空混沌现象等。为了深入了解系统所蕴含的丰富的动力学性态，就需要深入研究系统的高余维分岔现象。所以本章将会结合文献[108]利用解析的方法给出系统（5.1）在中心流形上的规范型，从而来探究系统在其一致稳态解附近发生的余维二 Turing-Hopf 分岔现象。

5.1 唯一内部平衡点的定性分析

众所周知，在反应-扩散系统的研究过程中一致稳态解往往起着十分重要的作用。由文献[42]中的结论可知系统（5.1）有且仅有一个一致稳态解 $E^*(u^*,v^*)$，其中 $u^*=a, v^*=\dfrac{ab}{f(a)}$。下面将着重讨论系统（5.1）在一致稳态解 E^* 附近的分岔现象。

由于系统（5.1）是一个反应-扩散系统，为了研究系统的解的存在性以及稳定性等性质，需要定义一些 Sobolev 空间。因此在齐次的 Neumann 边界条件下，定义实值 Sobolev 空间：

$$X = \{(u,v)^\mathrm{T} \in H^2[(0,\ell\pi)] \times H^2[(0,\ell\pi)] : \frac{\partial u}{\partial x} = \frac{\partial v}{\partial x} = 0 \text{ 在 } x=0, \ell\pi \text{ 处}\}$$

其中，$\ell \in \mathbb{N}$ 且 $H^2[(0,\ell\pi)]$ 为标准的 Sobolev 空间。需要注意的是，对于任意的 $u_1, u_2 \in H^2[(0,\ell\pi)]$，在本章中定义内积为 $\int_0^{\ell\pi} u_1 u_2 \mathrm{d}x$。所以此时 Sobolev 空间 $H^2[(0,l\pi)]$ 为 Hilbert 空间。对于任意的 $\boldsymbol{U}_1 = (u_1,v_1)^\mathrm{T}, \boldsymbol{U}_2 = (u_2,v_2)^\mathrm{T} \in X$，利用 $H^2[(0,l\pi)]$ 上的内积可定义 X 上的内积如下所示：

$$[\boldsymbol{U}_1, \boldsymbol{U}_2] = \int_0^{\ell\pi}(u_1 u_2 + v_1 v_2)\mathrm{d}x$$

此时 X 也为 Hilbert 空间。

经计算可得，系统（5.1）在平衡点 E^* 处的线性化系统具有以下形式

$$\boldsymbol{U}_t = \mathcal{L}\boldsymbol{U} := \boldsymbol{D}\Delta\boldsymbol{U} + \boldsymbol{J}(a,b)\boldsymbol{U} \tag{5.2}$$

其中,

$$U = (u,v)^T, \quad D = \begin{pmatrix} d_1 & 0 \\ 0 & d_2 \end{pmatrix} \text{ 且 } J(a,b) = \begin{pmatrix} -1-b+\dfrac{abf'(a)}{f(a)} & f(a) \\ b-\dfrac{abf'(a)}{f(a)} & -f(a) \end{pmatrix} \quad (5.3)$$

易知,算子 $\mathcal{L}$ 在空间 X 上为线性算子。根据标准的谱分析理论[25]可知,如果线性算子 $\mathcal{L}$ 的所有谱的实部均为负数的话,那么 E^* 为局部稳定的一致稳态解,而如果线性算子 $\mathcal{L}$ 有实部为正数的谱的话,那么 E^* 为不稳定的一致稳态解。

另外,由文献[24]的理论可知,在齐次的 Neumann 边界条件下,拉普拉斯算子 $-\Delta$ 在 Hilbert 空间 $H^2[(0,\pi)]$ 上的谱依次为 $\{k^2\}_{k\in\mathbb{N}_0:=\{0\}\cup\mathbb{N}}$ 且其所对应的正则特征函数为 $\left\{\dfrac{1}{\sqrt{\pi}},\sqrt{\dfrac{2}{\pi}}\cos(kx)\right\}_{k\in\mathbb{N}}$。因此线性算子 $(u,v)^T \to (-d_1\Delta u, -d_2\Delta v)^T$ 在 Hilbert 空间 X 上的特征值为 $\left\{\dfrac{d_1 k^2}{l^2}, \dfrac{d_2 k^2}{l^2}\right\}_{k\in\mathbb{N}_0}$,并且其对应的正则特征函数依次为

$$\phi_k^{(1)} = \begin{pmatrix} \gamma_k(x) \\ 0 \end{pmatrix} \text{ 和 } \phi_k^{(2)} = \begin{pmatrix} 0 \\ \gamma_k(x) \end{pmatrix}, \quad k \in \mathbb{N}_0 \quad (5.4)$$

其中,$\gamma_0(x) = \dfrac{1}{\sqrt{\ell\pi}}$,$\gamma_k(x) = \sqrt{\dfrac{2}{\ell\pi}}\cos\left(\dfrac{k}{\ell}x\right), k\in\mathbb{N}$。

由于 $\{\phi_k^{(1)}, \phi_k^{(2)}\}_{k\in\mathbb{N}_0}$ 可以构成 Hilbert 空间 X 上的一组基,因此对于任意的 $(\phi,\varphi)\in X$ 均存在唯一的分解:

$$(\phi,\varphi)^T = \sum_{k=0}^{\infty}(a_k\phi_k^{(1)}(x) + b_k\phi_k^{(2)}(x))$$

其中,系数 $a_k, b_k \in \mathbb{R}$。对于空间 X 上的算子 $\mathcal{L}$,我们考虑其在空间 X 上的特征方程 $\mathcal{L}(\phi,\varphi)^T = \lambda(\phi,\varphi)^T$。根据算子 $\mathcal{L}$ 的表达式有

$$\left(J(a,b) - \dfrac{k^2}{l^2}D\right)\sum_{k=0}^{\infty}(a_k\phi_k^{(1)}(x) + b_k\phi_k^{(2)}(x)) = \lambda\sum_{k=0}^{\infty}(a_k\phi_k^{(1)}(x) + b_k\phi_k^{(2)}(x))$$

因此,
$$\left(J(a,b)-\frac{k^2}{\ell^2}D\right)(a_k,b_k)^{\mathrm{T}} = \lambda(a_k,b_k)^{\mathrm{T}}, k\in\mathbb{N}_0$$

其中,
$$J(a,b)-\frac{k^2}{\ell^2}D = \begin{pmatrix} -1-b+\dfrac{abf'(a)}{f(a)}-\dfrac{k^2 d_1}{\ell^2} & f(a) \\ b-\dfrac{abf'(a)}{f(a)} & -f(a)-\dfrac{k^2 d_2}{\ell^2} \end{pmatrix}$$

这意味着线性算子 $\mathcal{L}$ 的谱 λ 完全由矩阵 $\left(J(a,b)-\dfrac{k^2}{\ell^2}D\right)$, $k\in\mathbb{N}_0$ 的特征值给出,即对于任意的 $k\in\mathbb{N}_0$,线性算子 $\mathcal{L}$ 的谱 λ 满足:

$$F_k(\lambda) = \left|\lambda E - \left(J(a,b)-\frac{k^2}{\ell^2}D\right)\right| = \lambda^2 - T_k\lambda + D_k = 0 \qquad (5.5)$$

其中,
$$T_k = -1 - f(a) - b\left(1-\frac{af'(a)}{f(a)}\right) - (d_1+d_2)\frac{k^2}{\ell^2},$$

$$D_k = f(a) + d_1 d_2 \frac{k^4}{\ell^4} + \left[d_1 f(a) - d_2\left(\frac{abf'(a)}{f(a)}-b-1\right)\right]\frac{k^2}{\ell^2}$$

需要注意的是,所谓的 Turing-Hopf 分岔是指存在非负正数 k_1 和正整数 k_2 且 $k_2 \neq k_1$,使得方程 $F_{k_1}(\lambda)=0$ 有一对纯虚根,而方程 $F_{k_2}(\lambda)=0$ 有一个零根并且它满足一定的横截性条件保证零根为简单的。

下面首先考虑系统(5.1)的一个特殊情形,当系统(5.1)中不包含耗散项即 $d_1=d_2=0$ 时。此时系统(5.1)为反应系统,其在 E^* 附近的动力学性态则由矩阵 $J(a,b)$ 的特征值所决定。由方程(5.5)可知

$$T_0 = -1 - f(a) - b\left(1-\frac{af'(a)}{f(a)}\right)$$
$$= (b_h(a)-b)\frac{f(a)-af'(a)}{f(a)}$$

且
$$D_0 = f(a) > 0$$

其中，$b_h(a) = -\dfrac{f(a)(1+f(a))}{f(a) - af'(a)}$。

根据第 2 章的知识，经过简单的计算可以得到如下的结论成立。

引理 5.1.1 假设系统（5.1）中 $d_1 = d_2 = 0$，那么有以下结论成立：

（1）如果 $f(a) \geq af'(a)$ 或者 $f(a) < af'(a)$ 且 $b < b_h(a)$，则矩阵 $\boldsymbol{J}(a,b)$ 的特征值实部均为负数，因而 E^* 为局部渐进稳定的平衡点；

（2）如果 $f(a) < af'(a)$ 且 $b = b_h(a)$，则矩阵 $\boldsymbol{J}(a,b)$ 的特征值为一对共轭的纯虚数，因而系统在 E^* 附近将会发生 Hopf 分岔；

（3）如果 $f(a) < af'(a)$ 且 $b > b_h(a)$，则矩阵 $\boldsymbol{J}(a,b)$ 的特征值实部均为正数，因而 E^* 为不稳定的平衡点。

下面我们接着分析系统（5.1）在一般的情形下，即当 $d_1, d_2 > 0$ 时的动力学性态。为了方便叙述，我们先引进一些简单的记号。记

$$l(x) = \dfrac{d_1 d_2 x^2}{(d_2 - d_1)x - 1}, \quad k_1^* = \left[\dfrac{\ell}{\sqrt{d_2 - d_1}}\right], \quad k_2^* = \max\left\{k_1^* + 1, \left[\dfrac{\ell}{\sqrt{d_2 - d_1}}\right]\right\},$$

$$k^* = \begin{cases} k_2^*, & \text{若 } l\left(\dfrac{k_2^{*2}}{\ell^2}\right) \leq l\left(\dfrac{(k_2^*+1)^2}{\ell^2}\right) \text{ 成立} \\ k_2^* + 1, & \text{若 } l\left(\dfrac{k_2^{*2}}{\ell^2}\right) > l\left(\dfrac{(k_2^*+1)^2}{\ell^2}\right) \text{ 成立} \end{cases} \quad (5.6)$$

其中 [ ] 表示取整数部分。并记

$$\omega_c = \sqrt{l\left(\dfrac{k^{*2}}{\ell^2}\right)}, \quad b(k,a) = \dfrac{d_1 d_2 \dfrac{k^4}{\ell^4} + [d_1 f(a) + d_2]\dfrac{k^2}{\ell^2} + f(a)}{d_2\left(\dfrac{af'(a)}{f(a)} - 1\right)\dfrac{k^2}{\ell^2}}$$

关于系统（5.1）在一致稳态解 $\overline{E}$ 附近的动力学性态，可以得到如下的结论。

定理 5.1.1 （1）假设 $d_1 \geq d_2 > 0$，则有以下结论成立：

① 如果 $f(a) \geqslant af'(a)$ 或者 $f(a) < af'(a)$ 且 $b < b_h(a)$，则一致稳态解 E^* 局部渐进稳定；

② 如果 $f(a) < af'(a)$ 且 $b > b_h(a)$，则一致稳态解 E^* 不稳定。

（2）假设 $d_2 > d_1 > 0$，则有以下结论成立：

① 如果 $f(a) \geqslant af'(a)$ 或者 $f(a) \leqslant l\left(\dfrac{k^{*2}}{\ell^2}\right)$，$f(a) < af'(a)$ 且 $b < b_h(a)$，则一致稳态解 E^* 局部渐进稳定；

② 如果 $f(a) < af'(a)$ 且 $b > b_h(a)$，则一致稳态解 E^* 不稳定；

③ 如果 $l\left(\dfrac{k^{*2}}{\ell^2}\right) < f(a) < af'(a)$ 且 $b(k^*, a) < b < b_h(a)$，则一致稳态解 E^* 不稳定，此时为耗散引起的 Turing 不稳定性；

④ 如果 $l\left(\dfrac{k^{*2}}{\ell^2}\right) = f(a) < af'(a)$ 且 $b = b_h(a)$，则一致稳态解 E^* 为余维二的 Turing-Hopf 奇异点，此时系统（5.1）在 E^* 附近的一个小邻域内将会出现余维二的 Turing-Hopf 分岔现象。

证明：根据式（5.5）中 T_k 和 D_k 的表达式，我们可以知道当 $f(a) \geqslant af'(a)$ 或者 $f(a) < af'(a)$ 且 $b < b_h(a)$ 时，则有 $T_k < 0$ 成立。而且当 $f(a) \geqslant af'(a)$ 时，则对任意的 $k \in \mathbb{N}_0$ 有 $D_k > 0$ 成立。事实上，如果 $d_2 \geqslant d_1 > 0$，那么有

$$
\begin{aligned}
D_k &\geqslant f(a) + d_1 d_2 \dfrac{k^4}{\ell^4} + d_2\left[1 + f(a) - b\left(\dfrac{af'(a)}{f(a)} - 1\right)\right]\dfrac{k^2}{\ell^2} \\
&= f(a) + d_1 d_2 \dfrac{k^4}{\ell^4} + d_2\left(\dfrac{af'(a)}{f(a)} - 1\right)(b_h(a) - b)\dfrac{k^2}{\ell^2}
\end{aligned}
$$

这意味着当 $f(a) < af'(a)$ 且 $b < b_h(a)$ 时，对于任意的 $k \in \mathbb{N}_0$ 仍有 $D_k > 0$ 成立。因此，结论（1）①成立。

接着，在 $k = 0$ 时考虑矩阵 $\left(J(a, b) - \dfrac{k^2}{\ell^2} D\right)$。经计算可知，如果 $f(a) < af'(a)$ 且 $b > b_h(a)$，那么有

$$T_0 = (b_h(a)-b)\frac{f(a)-af'(a)}{f(a)} > 0 \text{ 且 } D_0 = f(a) > 0$$

所以矩阵 $\left(J(a,b)-\frac{0^2}{\ell^2}\boldsymbol{D}\right)$ 的特征值实部均为正数。故而，结论（1）②和（2）②均成立。

在 $d_2 > d_1 > 0$ 的情形下，通过直接的计算可知，对于任意的 $k \in \mathbb{N}$ 有 $D_k > 0$ 等价于 $b < b(k,a)$。需要注意的是

$$b(k,a)-b_h(a)=\frac{d_1 d_2 \frac{k^4}{\ell^4}+f(a)\left[1-(d_2-d_1)\frac{k^2}{\ell^2}\right]}{d_2\left(\frac{af'(a)}{f(a)}-1\right)\frac{k^2}{\ell^2}}$$

因此当 $f(a) < af'(a)$ 且 $k \leqslant \frac{\ell}{\sqrt{d_2-d_1}}$ 时，则有 $b(k,a) > b_h(a)$ 成立。这说明当 $b < b_h(a)$ 时，对于任意的 $k = 0,\cdots,k_1^*$，有 $D_k > 0$。而对于当 $f(a) < af'(a)$ 且 $k \geqslant k_1^* + 1$ 时，有 $b(k,a) > b_h(a)$ 当且仅当 $f(a) < l\left(\frac{k^2}{\ell^2}\right)$。又由于

$$l'(x)=\frac{d_1 d_2[(d_2-d_1)x-2]}{[(d_2-d_1)x-1]^2}$$

所以易知函数 $l(x)$ 关于 x 在区间 $\left(0,\frac{2}{d_2-d_1}\right)$ 上单调递增而在区间 $\left(\frac{2}{d_2-d_1},\infty\right)$ 上单调递减。因而函数 $l(x)$ 在点 $x=\frac{2}{d_2-d_1}$ 处取得最小值。结合式（5.6）可知 $l\left(\frac{k^2}{\ell^2}\right)$ 在 $k = k^*$ 处取得最小值。因此当 $f(a) < af'(a)$ 且 $f(a) \leqslant l\left(\frac{k^{*2}}{\ell^2}\right)$ 时，对任意的 $k \geqslant k_1^* + 1$ 有 $b(k,a) \geqslant b_h(a)$ 成立。继而，当 $f(a) < af'(a)$，$f(a) \leqslant l\left(\frac{k^{*2}}{\ell^2}\right)$ 且 $b < b_h(a)$ 时，对于任意的 $k \geqslant k_1^* + 1$ 仍有 $D_k > 0$ 成立。所以结论（2）①成立。

如果 $l\left(\dfrac{k^{*2}}{\ell^2}\right)<f(a)<af'(a)$，那么有 $b(k^*,a)<b_h(a)$ 成立。因此当 $d_2>d_1>0$ 且 $b>b(k^*,a)$ 时，可以得到 $D_{k^*}<0$。所以结论（2）③成立。

而如果 $d_2>d_1>0$，$l\left(\dfrac{k^{*2}}{\ell^2}\right)=f(a)<af'(a)$ 且 $b=b_h(a)$，那么同时有 $T_0=0$，对任意的 $k\in\mathbb{N}$ 有 $T_k<0$，$D_{k^*}=0$ 以及对任意的 $k\in\mathbb{N}_0\setminus\{k^*\}$ 有 $D_k>0$ 成立。并且经计算可知

$$\left.\dfrac{\mathrm{d}T_0}{\mathrm{d}b}\right|_{b=b_h(a)}=\dfrac{af'(a)}{f(a)}-1>0 \text{ 和 } \left.\dfrac{\mathrm{d}D_{k^*}}{\mathrm{d}b}\right|_{b=b_h(a)}=-d_2\dfrac{k^{*2}}{\ell^2}\left(\dfrac{af'(a)}{f(a)}-1\right)<0$$

同时成立。这说明方程 $F_0(\lambda)=0$ 有一对简单的共轭纯虚根 $\lambda_{1,2}=\pm\mathrm{i}\omega_c$，而方程 $F_{k^*}(\lambda)=0$ 有一个简单的零根 $\lambda_1=0$ 和一个负实根 $\lambda_2=-(d_1+d_2)\dfrac{k^{*2}}{\ell^2}<0$，同时对于任意的 $k\in\mathbb{N}_0\setminus\{0,k^*\}$，方程 $F_k(\lambda)=0$ 均有两个具有负实部的根。因此结论（2）④成立。证毕。

5.2 Turing-Hopf 分岔在中心流形上的规范型

根据定理 5.2.1（2）④可知当条件 $l\left(\dfrac{k^{*2}}{\ell^2}\right)=f(a)<af'(a)$ 且 $b=b_h(a)$ 成立时，系统（5.1）有且仅有一个退化的一致稳态解 E^*，其为余维二的 Turing-Hopf 奇异点。因此在系统的相空间中将会存在着一个三维的局部中心流形。在本节中将通过求解系统（5.1）在 Turing-Hopf 奇异点 E^* 附近的中心流形上的规范型，来分析系统的时空动力学性态。

下面通过解析的方法，给出系统在 E^* 附近发生余维二的 Turing-Hopf 分岔的普适开折。取 a,b 为分岔参数，并令 $a=a^*+\varepsilon_1,b=b^*+\varepsilon_2$，其中对于给定的参数 ℓ,d_1,d_2,a^*,b^* 满足 $d_2>d_1>0$，$f(a^*)=\dfrac{d_1d_2\dfrac{k^{*4}}{\ell^4}}{(d_2-d_1)\dfrac{k^{*2}}{\ell^2}-1}<a^*f'(a^*)$，

$b^* = b_h(a^*)$ 且 k^* 由式（5.6）给出。此时系统（5.1）变为

$$\begin{cases} \dfrac{\partial u}{\partial t} = d_1 \Delta u + a^* + \varepsilon_1 - (1 + b^* + \varepsilon_2) u + f(u) v \\ \dfrac{\partial v}{\partial t} = d_2 \Delta v + (b^* + \varepsilon_2) u - f(u) v \end{cases} \quad (5.7)$$

经过简单的计算可知系统（5.7）有且仅有一个一致的稳态解 $E^*(u^*(\varepsilon), v^*(\varepsilon))$，其中 $u^*(\varepsilon) = a^* + \varepsilon_1, v^*(\varepsilon) = \dfrac{(a^* + \varepsilon_1)(b^* + \varepsilon_2)}{f(a^* + \varepsilon_1)}$。显然，当取 $\varepsilon = (\varepsilon_1, \varepsilon_2) = (0, 0)$ 时，易知 $E^*(u^*(\varepsilon), v^*(\varepsilon))$ 为余维二的 Turing-Hopf 奇异点。

为了方便问题的叙述，将 $E^*(u^*(\varepsilon), v^*(\varepsilon))$ 平移到原点，即做变换

$$u_1 = u - u^*(\varepsilon), v_1 = v - v^*(\varepsilon)$$

则系统（5.7）变为

$$\dfrac{\partial U_1}{\partial t} = D \Delta U_1 + J(a^*, b^*) U_1 + g(U_1, \varepsilon) \quad (5.8)$$

其中，$U_1 = (u_1, v_1)^{\mathrm{T}}$，$D$ 和 $J(a^*, b^*)$ 的定义可参看式（5.3），而

$$g(U_1, \varepsilon) = \sum_{i+j+l_1+l_2 \geq 2}^{\infty} \dfrac{1}{i! j! l_1! l_2!} g_{ij}^{(l_1, l_2)} u_1^i v_1^j \varepsilon_1^{l_1} \varepsilon_2^{l_2} \begin{pmatrix} 1 \\ -1 \end{pmatrix} := \sum_{n \geq 2}^{\infty} \dfrac{1}{n!} g_n(U_1, \varepsilon) \quad (5.9)$$

且

$$g_{ij}^{(l_1, l_2)} = \dfrac{\partial^{i+j+l_1+l_2} F(0, 0, 0, 0)}{\partial u_1^i v_1^j \varepsilon_1^{l_1} \varepsilon_2^{l_2}}, F(u_1, v_1, \varepsilon_1, \varepsilon_2) = -u_1 \varepsilon_2 + f(u_1 + u^*(\varepsilon))(v_1 + v^*(\varepsilon))$$

由于篇幅有限，在此仅给出后面内容需要用到的部分系数的表达式，如式（5.10）所示：

$$g_{10}^{(10)} = \dfrac{b^* f'(a^*)}{f(a^*)} + \dfrac{a^* b^* f''(a^*)}{f(a^*)} - \dfrac{a^* b^* f'^2(a^*)}{f^2(a^*)}, g_{10}^{(01)} = \dfrac{a^* f'(a^*)}{f(a^*)} - 1,$$

$$g_{01}^{(10)} = g_{11}^{(00)} = f'(a^*), g_{20}^{(00)} = \dfrac{a^* b^* f''(a^*)}{f(a^*)}, g_{20}^{(01)} = \dfrac{a^* f''(a^*)}{f(a^*)}, g_{11}^{(10)} = g_{21}^{(00)} = f''(a^*)$$

$$g_{20}^{(10)} = \frac{f''(a^*)b^*}{f(a^*)} + \frac{a^*b^*f'''(a^*)}{f(a^*)} - \frac{a^*b^*f'(a^*)f''(a^*)}{f^2(a^*)}, \quad g_{30}^{(00)} = \frac{a^*b^*f'''(a^*)}{f(a^*)} \quad (5.10)$$

在原点附近考虑系统（5.8）的线性部分，即

$$\frac{\partial \boldsymbol{U}_1}{\partial t} = \mathcal{L}(\boldsymbol{U}_1) := \boldsymbol{D}\Delta \boldsymbol{U}_1 + \boldsymbol{J}(a^*, b^*)\boldsymbol{U}_1 \quad (5.11)$$

事实上，系统（5.11）所有具有零实部的特征值集合为 $\Lambda = \{\pm \omega_c i, 0\}$。求解中心流形上的规范型的策略就是将空间 X 分解到特征向量空间中，然后在每一个向量空间中来考虑。根据表达式（5.4），令

$$\zeta_k = \text{span} \{[\boldsymbol{\varphi}, \boldsymbol{\phi}_k^{(i)}]\boldsymbol{\phi}_k^{(i)} | \boldsymbol{\varphi} \in X, i = 1, 2\}$$

因此对任意的 $k \in \mathbb{N}_0$ 均有 $\boldsymbol{J}(a^*, b^*)\zeta_k \subset \text{span}\{\boldsymbol{\phi}_k^{(1)}, \boldsymbol{\phi}_k^{(2)}\}, k \in \mathbb{N}_0$。下面接着再取 $\boldsymbol{y}(t) = (y_1(t), y_2(t)) \in \mathbb{R}^2$ 使得 $y_1\boldsymbol{\phi}_k^{(1)} + y_2\boldsymbol{\phi}_k^{(2)} \in \zeta_k$ 成立。那么对任意的 $k \in \mathbb{N}_0$，将系统（5.11）限制在空间 ζ_k 上时，它变成了空间 $\mathbb{R}^2$ 中的常微分方程组，如式（5.12）所示：

$$\dot{\boldsymbol{y}}(t) = \begin{bmatrix} \dfrac{a^*b^*f'(a^*)}{f(a^*)} - b^* - 1 - d_1\dfrac{k^2}{\ell^2} & f(a^*) \\ b^* - \dfrac{a^*b^*f'(a^*)}{f(a^*)} & -f(a^*) - d_2\dfrac{k^2}{\ell^2} \end{bmatrix} \boldsymbol{y}(t) = \boldsymbol{J}_k(a^*, b^*)\boldsymbol{y}(t) \quad (5.12)$$

显然，当将系统限制在空间 ζ_k 上时，系统（5.11）和（5.12）具有相同的特征值。因此，对所有的 $k \in \mathbb{N}_0$，矩阵 $\boldsymbol{J}_k(a^*, b^*)$ 的所有实部为零的特征值也均在集合 Λ 中。

由系统（5.12）在空间 ζ_k 上的不变性，可以将空间 X 投影到集合 Λ 中特征值所对应的广义特征向量生成的空间中。具体来说，我们可以利用矩阵 $\boldsymbol{J}_k(a^*, b^*)$ 所对应的广义特征向量空间来分解空间 $\mathbb{C}^2$。因此，由常微分方程的相关基本理论可知，我们可以将空间 $\mathbb{C}^2$ 分解成 $\mathbb{C}^2 = P_k \oplus Q_k$，其中 P_k 为 Λ 中的特征值所对应的广义特征向量空间，且

$$Q_k = \{\boldsymbol{\phi} \in \mathbb{C}^2 : \langle \boldsymbol{\phi}, \boldsymbol{\varphi} \rangle = 0 \text{ 对任意的 } \boldsymbol{\varphi} \in P_k^*\}$$

而 P_k^* 表示为空间 P_k 的对偶空间，$\langle \cdot, \cdot \rangle$ 表示两个复向量的标量积。事实上，对

于空间 P_k 和 P_k^* 上的对偶基 $\boldsymbol{\Phi}_k$ 与 $\boldsymbol{\Psi}_k$ 来说，有 $\langle \boldsymbol{\Phi}_k, \boldsymbol{\Psi}_k \rangle = \boldsymbol{I}_{\varsigma_k}$ 成立，其中 $\varsigma_k = \dim P_k$，并且 $\boldsymbol{I}_{\varsigma_k}$ 为 $\varsigma_k \times \varsigma_k$ 阶的单位矩阵。需要指出的是 $\dim P_0 = 2$ 且 $\dim P_{k^*} = 1$，P_0 与 P_{k^*} 构成三维的中心子空间。通过直接的计算，得到

$$\boldsymbol{\Phi}_0 = (\boldsymbol{p}_0, \bar{\boldsymbol{p}}_0), \boldsymbol{\Psi}_0 = \mathrm{col}(\boldsymbol{q}_0^\mathrm{T}, \bar{\boldsymbol{q}}_0^\mathrm{T}), \boldsymbol{\Phi}_{k^*} = \boldsymbol{p}_{k^*} \text{ 且 } \boldsymbol{\Psi}_{k^*} = \boldsymbol{q}_{k^*}^\mathrm{T}.$$

其中，

$$\boldsymbol{p}_0 = \begin{pmatrix} 1 \\ -1 + \dfrac{1}{\omega_\mathrm{c}\mathrm{i}} \end{pmatrix}, \boldsymbol{q}_0 = \begin{pmatrix} \dfrac{1}{2} - \dfrac{\omega_\mathrm{c}}{2}\mathrm{i} \\ -\dfrac{\omega_\mathrm{c}}{2}\mathrm{i} \end{pmatrix}, \boldsymbol{p}_{k^*} = \begin{pmatrix} 1 \\ \dfrac{d_1 k^{*2}}{\omega_\mathrm{c}^2 \ell^2} - 1 \end{pmatrix}, \boldsymbol{q}_{k^*} = \begin{pmatrix} \dfrac{d_2}{d_1 + d_2} - \dfrac{\omega_\mathrm{c}^2}{T_{k^*}} \\ -\dfrac{\omega_\mathrm{c}^2}{T_{k^*}} \end{pmatrix}$$

且 $T_{k^*} = -\dfrac{k^{*2}}{\ell^2}(d_1 + d_2)$。再根据矩阵 $J_k(a^*, b^*)$ 的广义特征空间，可以将相空间 X 分解为 $X = X^c \oplus X^s$，其中 $X^c = \mathrm{Im}\, \Pi$，$X^s = \ker \Pi$，而 $\Pi: X \to X^c$ 是定义为

$$\Pi(\varphi) = \left(\boldsymbol{\Phi}_0 \left\langle \boldsymbol{\Psi}_0, \begin{bmatrix} [\varphi, \phi_0^{(1)}] \\ [\varphi, \phi_0^{(2)}] \end{bmatrix} \right\rangle \right)^\mathrm{T} \begin{pmatrix} \phi_0^{(1)} \\ \phi_0^{(2)} \end{pmatrix} + \left(\boldsymbol{\Phi}_{k^*} \left\langle \boldsymbol{\Psi}_{k^*}, \begin{bmatrix} [\varphi, \phi_{k^2}^{(1)}] \\ [\varphi, \phi_{k^2}^{(2)}] \end{bmatrix} \right\rangle \right)^\mathrm{T} \begin{pmatrix} \phi_{k^*}^{(1)} \\ \phi_{k^*}^{(2)} \end{pmatrix}$$

的投影映射。通常，X^c 被称为中心子空间而 X^s 被称为双曲子空间。因此 $X^c = 3$，且对任意的 $\varphi \in X$ 有 $\Pi(\mathcal{L}(\varphi)) = \mathcal{L}(\Pi(\varphi))$ 成立。所以对于 $\boldsymbol{U}_1 = (u_1, v_1)^\mathrm{T} \in X$，可以作分解，如式（5.13）所示：

$$\begin{aligned}
\begin{pmatrix} u_1 \\ v_1 \end{pmatrix} &= \left(\boldsymbol{\Phi}_0 \begin{pmatrix} z_1 \\ z_2 \end{pmatrix} \right)^\mathrm{T} \begin{pmatrix} \phi_0^{(1)} \\ \phi_0^{(2)} \end{pmatrix} + (z_3 \boldsymbol{\Phi}_{k^*})^\mathrm{T} \begin{pmatrix} \phi_{k^*}^{(1)} \\ \phi_{k^*}^{(2)} \end{pmatrix} + \boldsymbol{w} \\
&= (z_1 \boldsymbol{p}_0 + z_2 \bar{\boldsymbol{p}}_0) \gamma_0 + z_3 \boldsymbol{p}_{k^*} \gamma_{k^*}(x) + \boldsymbol{w}
\end{aligned} \quad (5.13)$$

其中，$z_i \in \mathbb{R}, i = 1, 2, 3$ 且 $\boldsymbol{w} \in X^s$。

基于分解（5.13），系统（5.8）等价于系统（5.14）：

$$\begin{cases} \dot{z} = Az + \left(\boldsymbol{\Psi}_0 \begin{bmatrix} [\tilde{g}(z, \boldsymbol{w}, \varepsilon), \phi_0^{(1)}] \\ [\tilde{g}(z, \boldsymbol{w}, \varepsilon), \phi_0^{(2)}] \end{bmatrix}, \left(\boldsymbol{\Psi}_{k^*} \begin{bmatrix} [\tilde{g}(z, \boldsymbol{w}, \varepsilon), \phi_{k^*}^{(1)}] \\ [\tilde{g}(z, \boldsymbol{w}, \varepsilon), \phi_{k^*}^{(2)}] \end{bmatrix} \right) \right)^\mathrm{T} \\ \boldsymbol{w} = \mathcal{L}_s(\boldsymbol{w}) + (\boldsymbol{I} - \Pi) \tilde{g}(z, \boldsymbol{w}, \varepsilon) \end{cases} \quad (5.14)$$

其中，$z=(z_1,z_2,z_3)^{\mathrm{T}}$，$\boldsymbol{A}=\mathrm{diag}\{\mathrm{i}\omega_c,-\mathrm{i}\omega_c,0\}$，$L_s=L|_{X^s}$ 且

$$\tilde{g}(\boldsymbol{z},\boldsymbol{w},\varepsilon):=g((z_1p_0+z_2\overline{p}_0)\gamma_0(x)+z_3\boldsymbol{p}_{k^*}k^*\gamma_{k^*}(x)+\boldsymbol{w},\varepsilon) \quad (5.15)$$

根据式（5.9）中函数 g 的泰勒展式，有

$$\tilde{g}(\boldsymbol{z},\boldsymbol{w},\varepsilon)=\sum_{j\geqslant 2}\frac{1}{j!}\tilde{g}_j(\boldsymbol{z},\boldsymbol{w},\varepsilon)$$

其中，$\tilde{g}_j(\boldsymbol{z},\boldsymbol{w},\varepsilon)$ 为关于 $(\boldsymbol{z},\boldsymbol{w},\varepsilon)$ 的 j 次项。所以可以将系统（5.14）写成

$$\begin{cases}\dot{\boldsymbol{z}}=\boldsymbol{A}\boldsymbol{z}+\sum_{j\geqslant 2}\dfrac{1}{j!}\tilde{g}_j^{(1)}(\boldsymbol{z},\boldsymbol{w},\varepsilon)\\ \dot{\boldsymbol{w}}=\mathcal{L}_s(\boldsymbol{w})+\sum_{j\geqslant 2}\dfrac{1}{j!}\tilde{g}_j^{(2)}(\boldsymbol{z},\boldsymbol{w},\varepsilon)\end{cases} \quad (5.16)$$

其中，

$$\tilde{g}_j^{(1)}(\boldsymbol{z},\boldsymbol{w},\varepsilon)=\left(\boldsymbol{\varPsi}_0\begin{bmatrix}[\tilde{g}_j(\boldsymbol{z},\boldsymbol{w},\varepsilon),\boldsymbol{\phi}_0^{(1)}]\\[\tilde{g}_j(\boldsymbol{z},\boldsymbol{w},\varepsilon),\boldsymbol{\phi}_0^{(2)}]\end{bmatrix},\boldsymbol{\varPsi}_{k^*}\begin{bmatrix}[\tilde{g}_j(\boldsymbol{z},\boldsymbol{w},\varepsilon),\boldsymbol{\phi}_{k^*}^{(1)}]\\[\tilde{g}_j(\boldsymbol{z},\boldsymbol{w},\varepsilon),\boldsymbol{\phi}_{k^*}^{(2)}]\end{bmatrix}\right)^{\mathrm{T}} \quad (5.17)$$

且 $\tilde{g}_j^{(2)}(\boldsymbol{z},\boldsymbol{w},\varepsilon)=(\boldsymbol{I}-\boldsymbol{\Pi})\tilde{g}_j(\boldsymbol{z},\boldsymbol{w},\varepsilon)$。

接下来将求出系统（5.16）在原点附近的中心流形。类似于文献[95]中的方法，将引入具有以下形式的关于变量的递推平移：

$$(\boldsymbol{z},\boldsymbol{w})=(\tilde{\boldsymbol{z}},\tilde{\boldsymbol{w}})+\frac{1}{j!}(R_j^{(1)}(\tilde{\boldsymbol{z}},\varepsilon),R_j^{(2)}(\tilde{\boldsymbol{z}},\varepsilon)),\quad j\geqslant 2$$

其中，$\boldsymbol{z},\tilde{\boldsymbol{z}},R_j^{(1)}(\tilde{\boldsymbol{z}},\varepsilon)\in\mathbb{R}^3$，$\boldsymbol{w},\tilde{\boldsymbol{w}},R_j^{(2)}(\tilde{\boldsymbol{z}},\varepsilon)\in X^s$，且 $R_j^{(i)}(\tilde{\boldsymbol{z}},\varepsilon),i=1,2$ 均为关于变量 $\tilde{\boldsymbol{z}}$ 和 ε 的 j 次实值齐次多项式。为了方便书写去掉变量上方的波浪线，此时系统（5.16）变为

$$\begin{cases}\dot{\boldsymbol{z}}=\boldsymbol{A}\boldsymbol{z}+\sum_{j\geqslant 2}\dfrac{1}{j!}h_j^{(1)}(\boldsymbol{z},\boldsymbol{w},\varepsilon)\\ \dot{\boldsymbol{w}}=L_s(\boldsymbol{w})+\sum_{j\geqslant 2}\dfrac{1}{j!}h_j^{(1)}(\boldsymbol{z},\boldsymbol{w},\varepsilon)\end{cases} \quad (5.18)$$

对于 $i=1,2$，$h_j^{(i)}$ 满足 $h_j^{(i)}=\tilde{g}_j^{(i)}-M_j^{(i)}R_j^{(i)}$，而 $M_j^{(i)}$ 定义为

$$M_j^{(1)}: V_j^5(\mathbb{R}^3) \to V_j^5(\mathbb{R}^3), M_j^{(1)}(R_j^{(1)}) = \frac{\partial R_j^{(1)}(z,\varepsilon)}{\partial z} Az - A R_j^{(1)}(z,\varepsilon),$$
$$M_j^{(2)}: V_j^5(X^s) \to V_j^5(X^s), M_j^{(2)}(R_j^{(2)}) = \frac{\partial R_j^{(2)}(z,\varepsilon)}{\partial z} Az - \mathcal{L}_s(R_j^{(2)}(z,\varepsilon))$$

(5.19)

这里 $V_j^5(Y)$ 表示系数在空间 Y 上的关于 5 个变量 $z_i, i=1,2,3$ 和 $\varepsilon_s, s=1,2$ 的 j 次齐次多项式空间。通过直接计算，可以得到

$$M_j^{(1)}(z^m \varepsilon^l e_r) = \frac{\partial z^m \varepsilon^l e_r}{\partial z} Az - A z^m \varepsilon^l e_r = \mathrm{i}\omega_c(m_1 - m_2 + (-1)^r) z^m \varepsilon^l e_r, r=1,2,$$
$$M_j^{(1)}(z^m \varepsilon^l e_r) = \frac{\partial z^m \varepsilon^l e_3}{\partial z} Az - A z^m \varepsilon^l e_3 = \mathrm{i}\omega_c(m_1 - m_2) z^m \varepsilon^l e_3$$

其中，$\{e_1, e_2, e_3\}$ 为空间 $\mathbb{R}^3$ 上的标准基，$\boldsymbol{m} = (m_1, m_2, m_3) \in \mathbb{N}_0^3, \boldsymbol{l} = (l_1, l_2) \in \mathbb{N}_0^2$ 且 $m_1 + m_2 + m_3 + l_1 + l_2 = j$。因此，

$$\ker(M_2^{(1)}) = \mathrm{span}\{z_1 z_3 e_1, z_1 \varepsilon_i e_1, z_2 z_3 e_2, z_2 \varepsilon_i e_2, z_1 z_2 e_3, z_3^2 e_3, z_3 \varepsilon_i e_3, \varepsilon_1 \varepsilon_2 e_3, \varepsilon_i^2 e_3\},$$
$$\ker(M_3^{(1)}) = S_1 \cup S_2 \cup S_3$$

(5.20)

其中，

$$S_1 = \mathrm{span}\{z_1^2 z_2 e_1, z_1 z_3^2 e_1, z_1 z_2^2 e_2, z_2 z_3^2 e_2, z_1 z_2 z_3 e_3, z_3^3 e_3\},$$
$$S_2 = \mathrm{span}\{z_1 z_3 \varepsilon_i e_1, z_1 z_3 \varepsilon_i e_2, z_1 z_2 \varepsilon_i e_3, z_1 z_3 \varepsilon_2 e_1, z_1 z_2 \varepsilon_2 e_2, z_1 z_2 \varepsilon_2 e_3\},$$
$$S_3 = \mathrm{span}\{z_1 \varepsilon_i^2 e_1, z_2 \varepsilon_i^2 e_2, z_3 \varepsilon_i^2 e_3, z_1 \varepsilon_1 \varepsilon_2 e_1, z_2 \varepsilon_1 \varepsilon_2 e_2, z_3 \varepsilon_1 \varepsilon_2 e_3, \varepsilon_1^2 \varepsilon_2 e_3, \varepsilon_1 \varepsilon_2^2 e_3, \varepsilon_i^3 e_3\}$$

以上各式中 i 均有 $1,2$ 两种取法。

由于矩阵 A 的特征值实部均为零且算子 $\mathcal{L}_s$ 被限制在双曲子空间上，所以 0 不可能在算子 $M_j^{(2)}$ 的谱集中，这说明算子 $M_j^{(2)}$ 为双射。而在原点附近，双曲子空间为空间 X 的纤维。可以用纤维作为新的坐标从而将纤维拉直。在新的坐标系下，系统（5.18）的局部中心流形满足 $\boldsymbol{w} = \boldsymbol{0}$，这意味着系统（5.18）在中心流形上的规范型由三维常微分方程给出

$$\dot{z} = Az + \frac{1}{2!} h_2^{(1)}(z, \boldsymbol{0}, \boldsymbol{\varepsilon}) + \frac{1}{3!} h_3^{(1)}(z, \boldsymbol{0}, \boldsymbol{\varepsilon}) + o(|\boldsymbol{\varepsilon}||z|^2)$$

(5.21)

其中，

$$h_2^{(1)}(z,0,\varepsilon) = \text{Proj}_{\ker M_2^{(1)}} \tilde{g}_2^{(1)}(z,0,\varepsilon), \quad h_3^{(1)}(z,0,\varepsilon) = \text{Proj}_{\ker M_3^{(1)}} \hat{g}_3^{(1)}(z,0,\varepsilon)$$

且

$$\hat{g}_3^{(1)}(z,0,\varepsilon) = \tilde{g}_3^{(1)}(z,0,\varepsilon) + \frac{3}{2}\left[\frac{\partial \tilde{g}_2^{(1)}(z,0,\varepsilon)}{\partial z}R_2^{(1)}(z,\varepsilon) + \right.$$

$$\left.\frac{\partial \tilde{g}_2^{(1)}(z,0,\varepsilon)}{\partial w}R_2^{(2)}(z,\varepsilon) - \frac{\partial R_2^{(1)}(z,\varepsilon)}{\partial z}h_2^{(1)}(z,0,\varepsilon)\right] \quad (5.22)$$

为了研究系统（5.21）在原点附近的动力学性态，还需要求出 $h_2^{(1)}(z,0,\varepsilon)$ 和 $h_3^{(1)}(z,0,\varepsilon)$ 的具体表达式。下面将会用两个引理来给出 $h_2^{(1)}(z,0,\varepsilon)$ 和 $h_3^{(1)}(z,0,\varepsilon)$ 的具体表达式。为了书写方便，引入如下算子

$$\mathcal{H}: V_j^5(\mathbb{C}) \to V_j^5(\mathbb{C}) \times V_j^5(\mathbb{C})$$

使得对于任意的 $\phi, \varphi \in V_j^5(\mathbb{C})$ 有

$$\mathcal{H}(\boldsymbol{\phi}+\boldsymbol{\varphi}) = \mathcal{H}(\boldsymbol{\phi}) + \mathcal{H}(\boldsymbol{\varphi})$$

且对任意 $\beta \in \mathbb{C}$ 均有

$$\mathcal{H}\left(\beta z_1^{m_1} z_2^{m_2} z_3^{m_3} \varepsilon_1^{l_1} \varepsilon_2^{l_2}\right) = \begin{pmatrix} \beta z_1^{m_1} z_2^{m_2} z_3^{m_3} \varepsilon_1^{l_1} \varepsilon_2^{l_2} \\ \bar{\beta} z_1^{m_2} z_2^{m_1} z_3^{m_3} \varepsilon_1^{l_1} \varepsilon_2^{l_2} \end{pmatrix}$$

由式（5.10）和式（5.15），得到

$$\bar{g}_2(z,0,\varepsilon) = g_2((z_1 \boldsymbol{p}_0 + z_2 \bar{\boldsymbol{p}}_0)\gamma_0(x) + z_3 \boldsymbol{p}_{k'}\gamma_{k'}(x), 0, \varepsilon) = Q(z,\varepsilon)\begin{pmatrix}1\\-1\end{pmatrix} \quad (5.23)$$

其中，

$$Q(z,\varepsilon) = \sum_{i+j+k+l_1+l_2} q_{ijk}^{(l_{ij}l_k)} z_1^i z_2^j z_3^k \varepsilon_1^{l_1} \varepsilon_2^{l_2} \gamma_0^{i+j}(x)\gamma_{k'}^k(x)$$

而

$$q_{100}^{(10)} = q_{010}^{(10)} = 2g_{10}^{(10)} - 2g_{01}^{(10)} + \mathrm{i}\frac{2g_{01}^{(10)}}{\omega_c}, \quad q_{100}^{(01)} = q_{010}^{(01)} = g_{001}^{(01)} = 2g_{10}^{(01)},$$

$$q_{001}^{(10)} = 2g_{10}^{(10)} - 2g_{01}^{(10)} + \frac{2d_1 k^{*2}}{\omega_c^2 l^2}g_{01}^{(10)}, \quad q_{200}^{(00)} = \bar{q}_{020}^{(00)} = g_{20}^{(00)} - 2g_{11}^{(00)} + \mathrm{i}\frac{2g_{11}^{(00)}}{\omega_c},$$

$$q_{110}^{(00)} = 2g_{20}^{(00)} - 4g_{11}^{(00)}, \quad q_{101}^{(00)} = \overline{q}_{011}^{(00)} = 2g_{20}^{(00)} + 2g_{11}^{(00)}\left(\frac{d_1 k^{*2}}{\omega_c^2 l^2} - 2 + \mathrm{i}\frac{1}{\omega_c}\right),$$

$$q_{002}^{(00)} = g_{20}^{(00)} - 2g_{11}^{(00)} + \frac{2d_1 k^{*2}}{\omega_c^2 l^2} g_{11}^{(00)}$$

结合 $\int_0^{l\pi} \gamma_0(x)\gamma_{k^*}(x)\mathrm{d}x = \int_0^{l\pi} \gamma_0^2(x)\gamma_{k^*}(x)\mathrm{d}x = \int_0^{l\pi} \gamma_{k^*}^3(x)\mathrm{d}x = 0$。再由方程（5.17），（5.23）和 $M_2^{(1)}$, $h_2^{(1)}(z,0,\varepsilon)$ 的公式可知，有如下结论成立。

引理 5.2.1

$$h_2^{(1)}(z,0,\varepsilon) = \begin{pmatrix} \mathcal{H}(B_{11}z_1\varepsilon_1 + B_{12}z_1\varepsilon_2) \\ B_{31}z_3\varepsilon_1 + B_{32}z_3\varepsilon_2 \end{pmatrix}$$

其中，

$$B_{11} = \frac{1}{2}q_{100}^{(10)}, \quad B_{12} = \frac{1}{2}q_{100}^{(01)}, \quad B_{31} = \frac{d_2}{d_1+d_2}q_{001}^{(10)}, \quad B_{32} = \frac{d_2}{d_1+d_2}q_{001}^{(01)}$$

而关于 $h_3^{(1)}(z,0,\varepsilon)$ 的具体表达式，有如下结论成立。

引理 5.2.2

$$h_3^{(1)}(z,0,\varepsilon) = \begin{pmatrix} \mathcal{H}\left(B_{210}z_1^2z_2 + B_{102}z_1z_3^2\right) \\ B_{111}z_1z_2z_3 + B_{003}z_3^3 \end{pmatrix} + |\varepsilon|O(z,\varepsilon)$$

其中，

$$B_{210} = C_{210} + \frac{3}{2}D_{210}, \quad B_{102} = C_{102} + \frac{3}{2}(D_{102} + E_{102}),$$

$$B_{111} = C_{111} + \frac{3}{2}(E_{111} + D_{111}), \quad B_{003} = C_{003} + \frac{3}{2}(E_{003} + D_{003})$$

$O(z,\varepsilon)$ 为关于 (z,ε) 的至少从二次项开始的齐次多项式，且 $C_{210}, C_{102}, C_{111}, C_{003}$, $D_{102}, D_{111}, D_{210}, D_{003}, E_{102}, E_{111}, E_{003}$ 的表达式均会在后面中给出。

证明：由引理 5.2.1 易知 $h_2^{(1)}(z,0,0) = 0$。因此根据 $\hat{g}_3^{(1)}(z,0,\varepsilon)$ 关于 ε 的泰勒展式和式（5.20）中 $\ker M_3^{(1)}$ 的基，并结合式（5.21）可知

$$h_3^{(1)}(z,0,\varepsilon) = \operatorname{Proj} \hat{g}_3^{(1)}(z,0,0) + |\varepsilon|O(z,\varepsilon)$$

$$= \operatorname{Proj} \hat{g}_3^{(1)}(z,0,0) + \frac{3}{2}\left[\operatorname{proj}_{s_1}\frac{\partial \tilde{g}_2^{(1)}(z,0,0)}{\partial z}R_2^{(1)}(z,0) + \right.$$

$$\left. \operatorname{Proj}_{s_1}\frac{\partial \tilde{g}_2^{(1)}(z,0,0)}{\partial \omega}R_2^{(2)}(z,0)\right] + |\varepsilon|O(z,\varepsilon) \quad (5.24)$$

下面将分三步来依次计算出式（5.24）中的三个未知项的表达式。

（1）首先将给出 $\text{Proj}_{S_1}\tilde{g}_3^{(1)}(z,\mathbf{0},\mathbf{0})$ 的具体表达式。

注意对于 $k=0,k^*$ 有 $\int_0^{\ell\pi}\gamma_0^2(x)\gamma_k^2(x)\mathrm{d}x=\frac{1}{\ell\pi}$ 且 $\int_0^{\ell\pi}\gamma_k^4(x)\mathrm{d}x=\frac{3}{2\ell\pi}$。从而由方程（5.10），（5.15），（5.17）和 S_1 的表达式，可以得到

$$\text{Proj}_{S_1}\tilde{g}_3^{(1)}(z,\mathbf{0},\mathbf{0})=\begin{pmatrix}\mathcal{H}(C_{210}z_1^2z_2+C_{102}z_1z_3^2)\\ C_{111}z_1z_2z_3+C_{003}z_3^3\end{pmatrix}\qquad(5.25)$$

其中，

$$C_{210}=\frac{3}{2\ell\pi}\left[g_{30}^{(00)}+g_{21}^{(00)}\left(-3+\frac{1}{\omega_c}\mathrm{i}\right)\right],\ C_{102}=\frac{3}{2\ell\pi}\left[g_{30}^{(00)}+g_{21}^{(00)}\left(\frac{2d_1k^{*2}}{\omega_c^2\ell^2}-3+\frac{1}{\omega_c}\mathrm{i}\right)\right],$$

$$C_{111}=\frac{6d_2}{\ell\pi(d_1+d_2)}\left[g_{30}^{(00)}+g_{21}^{(00)}\left(\frac{d_1k^{*2}}{\omega_c^2\ell^2}-3\right)\right],\ C_{003}=\frac{3d_2}{2\ell\pi(d_1+d_2)}\left[g_{30}^{(00)}+3g_{21}^{(00)}\left(\frac{d_1k^{*2}}{\omega_c^2\ell^2}-1\right)\right]$$

（2）在本部分将给出 $\text{Proj}_{S_1}\dfrac{\partial\tilde{g}_2^{(1)}(z,\mathbf{0},\mathbf{0})}{\partial z}R_2^{(1)}(z,\mathbf{0})$ 的表达式。

通过直接的计算可知当 $k=0,k^*$ 时，有 $\int_0^{\ell\pi}\gamma_0(x)\gamma_k^2(x)\mathrm{d}x=\dfrac{1}{\sqrt{\ell\pi}}$ 成立。再结合式（5.17）和式（5.23），可以得到

$$\tilde{g}_2^{(1)}(z,\mathbf{0},\mathbf{0})=\frac{1}{\sqrt{\ell\pi}}\left(P_0(z)\boldsymbol{\Psi}_0\begin{pmatrix}1\\-1\end{pmatrix},P_{k^*}(z)\boldsymbol{\Psi}_{k^*}\begin{pmatrix}1\\-1\end{pmatrix}\right)^{\mathrm{T}}\qquad(5.26)$$

其中，

$$P_0(z)=q_{200}^{(00)}z_1^2+q_{020}^{(00)}z_2^2+q_{002}^{(00)}z_3^2+q_{110}^{(00)}z_1z_2,\ P_{k^*}(z)=q_{101}^{(00)}z_1z_3+q_{011}^{(00)}z_2z_3$$

因此，

$$R_2^{(1)}(z,\mathbf{0})=(M_2^{(1)})^{-1}\text{Proj}_{\text{Im}M_2^{(1)}}\tilde{g}_2^{(1)}(z,\mathbf{0},\mathbf{0})$$

$$=-\frac{\mathrm{i}}{2\sqrt{\ell\pi}\omega_c}\begin{pmatrix}q_{200}^{(00)}z_1^2-\dfrac{1}{3}q_{020}^{(00)}z_2^2-q_{002}^{(00)}z_3^2-q_{110}^{(00)}z_1z_2\\ \dfrac{1}{3}q_{200}^{(00)}z_1^2-q_{020}^{(00)}z_2^2+q_{002}^{(00)}z_3^2+q_{110}^{(00)}z_1z_2\\ \dfrac{2d_2}{d_1+d_2}(q_{101}^{(00)}z_1z_3-q_{011}^{(00)}z_2z_3)\end{pmatrix}$$

又因为 $h_2^{(1)} = \tilde{g}_2^{(1)} - M_2^{(1)} R_2^{(1)}$ 且 $h_2^{(1)}(z,0,0) = 0$，所以得到

$$\mathrm{Proj}_{s_1} \frac{\partial \tilde{g}_2^{(1)}(z,0,0)}{\partial z} R_2^{(1)}(z,0) = \begin{pmatrix} \mathcal{H}(D_{210} z_1^2 z_2 + D_{100} z_1 z_3^2) \\ D_{111} z_1 z_2 z_3 + D_{003} z_3^3 \end{pmatrix} \quad (5.27)$$

其中，

$$D_{210} = -\frac{\mathrm{i}}{2\ell\pi\omega_c}\left(\frac{1}{2}q_{110}^{(00)^2} + \frac{1}{3}q_{020}^{(00)^2} - \frac{1}{2}q_{200}^{(00)}q_{110}^{(00)}\right), \quad D_{111} = -\frac{d_2 q_{10}^{(00)}}{\ell\pi\omega_c(d_1+d_2)}\mathrm{Im}(q_{101}^{(00)}),$$

$$D_{102} = -\frac{\mathrm{i}q_{002}^{(00)}}{\ell\pi\omega_c}\left(\frac{1}{4}q_{110}^{(00)} - \frac{1}{2}q_{200}^{(00)} + \frac{d_2}{d_1+d_2}q_{101}^{(00)}\right), \quad D_{003} = -\frac{d_2 q_{02}^{(00)}}{\ell\pi\omega_c(d_1+d_2)}\mathrm{Im}(q_{101}^{(00)})$$

（3）最后将通过计算给出 $\mathrm{Proj}_{s_1} \dfrac{\partial \tilde{g}_2^{(1)}(z,0,0)}{\partial w} R_2^{(2)}(z,0)$ 的表达式。

可令

$$R_2^{(2)}(z,0) := R_1(z) + R_2(z)$$

其中，

$$R_1(z) = \sum_{k=0,k^*}\sum_{j=1}^{2} r_k^{(j)}(z)\phi_k^{(j)}, \quad R_2(z) = \sum_{k \neq 0,k^*}\sum_{j=1}^{2} r_k^{(j)}(z)\phi_k^{(j)},$$

$$r_k^{(j)}(z) = \sum_{m_1+m_2+m_3=2} r_{m_1 m_2 m_3}^{(jk)} z_1^{m_1} z_2^{m_2} z_3^{m_3}$$

并设

$$r_k(z) = (r_k^{(1)}(z), r_k^{(2)}(z))^{\mathrm{T}} \text{ 和 } r_{m_1 m_2 m_3}^{(k)} = (r_{m_1 m_2 m_3}^{(1k)}, r_{m_1 m_2 m_3}^{(2k)})^{\mathrm{T}}$$

因为对任意的 $k \in \mathbb{N}_0$，有 $\int_0^{\ell\pi} \gamma_0(x)\gamma_k^2(x)\mathrm{d}x = \dfrac{1}{\sqrt{\ell\pi}}$ 且 $\int_0^{\ell\pi}\gamma_k^2(x)\gamma_{2k^*}(x)\mathrm{d}x = \dfrac{1}{\sqrt{2\ell\pi}}$，结合式（5.17）和式（5.23），不难得出

$$\frac{\partial \tilde{g}_2^{(1)}(z,0,0)}{\partial w} R_2^{(2)}(z,0)$$

$$= \left(\Psi_0, \begin{pmatrix} \frac{\partial g_2(\hat{z}+w,0)}{\partial w}\big|_{w=0} R_1(z), \phi_0^{(1)} \\ \frac{\partial g_2(\hat{z}+w,0)}{\partial w}\big|_{w=0} R_1(z), \phi_0^{(2)} \end{pmatrix}, \Psi_{k^*}, \begin{pmatrix} \frac{\partial g_2(\hat{z}+w,0)}{\partial w}\big|_{w=0} R_1(z), \phi_{k^*}^{(1)} \\ \frac{\partial g_2(\hat{z}+w,0)}{\partial w}\big|_{w=0} R_1(z), \phi_{k^*}^{(2)} \end{pmatrix} \right)^{\mathrm{T}} +$$

$$\left(\Psi_0, \begin{pmatrix} \frac{\partial g_2(\hat{z}+w,0)}{\partial w}\big|_{w=0} R_2(z), \phi_0^{(1)} \\ \frac{\partial g_2(\hat{z}+w,0)}{\partial w}\big|_{w=0} R_2(z), \phi_0^{(2)} \end{pmatrix}, \Psi_{k^*}, \begin{pmatrix} \frac{\partial g_2(\hat{z}+w,0)}{\partial w}\big|_{w=0} R_2(z), \phi_{k^*}^{(1)} \\ \frac{\partial g_2(\hat{z}+w,0)}{\partial w}\big|_{w=0} R_2(z), \phi_{k^*}^{(2)} \end{pmatrix} \right)^{\mathrm{T}}$$

$$= \left(Q_0 \Psi_0 \begin{pmatrix} 1 \\ -1 \end{pmatrix}, Q_{k^*} \Psi_{k^*} \begin{pmatrix} 1 \\ -1 \end{pmatrix} \right)^{\mathrm{T}}$$

其中,

$$\hat{z} = (z_1 p_0 + z_2 \bar{p}_0) \gamma_0(x) + z_3 p_{k^*} \gamma_{k^*}(x),$$

$$Q_0(z) = \frac{2}{\sqrt{\ell \pi}} (\langle \eta_1, r_0(z) \rangle z_1 + \langle \bar{\eta}_1, r_0(z) \rangle z_2 + \langle \eta_2, r_{k^*}(z) \rangle z_3),$$

$$Q_{k^*}(z) = \frac{2}{\sqrt{\ell \pi}} (\langle \eta_1, r_{k^*}(z) \rangle z_1 + \langle \bar{\eta}_1, r_{k^*}(z) \rangle z_2 + \langle \eta_2, r_0(z) + 1/\sqrt{2} r_{2k^*}/(z) \rangle z_3)$$

且

$$\eta_1 = (\eta_{11}, \eta_{13})^{\mathrm{T}}, \eta_2 = (\eta_{12}, \eta_{13})^{\mathrm{T}}, \eta_{11} = g_{20}^{(00)} + g_{11}^{(00)} \left(-1 + \frac{\mathrm{i}}{\omega_c} \right),$$

$$\eta_{12} = g_{20}^{(00)} + g_{11}^{(00)} \left(\frac{d_1 k^{*2}}{\omega_c^2 \ell^2} - 1 \right), \eta_{13} = g_{11}^{(00)}$$

在以上各式中 $\bar{a}$ 表示向量 a 的共轭向量。

由此可知

$$\mathrm{Proj}_{s_1} \frac{\partial \tilde{g}_2^{(1)}(z,0,0)}{\partial w} R_2^{(2)}(z,0) = \begin{pmatrix} \mathcal{H}(E_{210} z_1^2 z_2 + E_{102} z_1 z_3^2) \\ E_{111} z_1 z_2 z_3 + E_{003} z_3^3 \end{pmatrix} \quad (5.28)$$

其中,

$$E_{210} = \frac{1}{\sqrt{\ell \pi}} (\langle \eta_1, r_{110}^{(0)} \rangle + \langle \bar{\eta}_1, r_{200}^{(0)} \rangle), E_{102} = \frac{1}{\sqrt{\ell \pi}} (\langle \eta_1, r_{002}^{(0)} \rangle + \langle \eta_2, r_{101}^{(k^*)} \rangle),$$

$$E_{111} = \frac{2d_2}{\sqrt{\ell\pi}(d_1+d_2)} \left(\langle \boldsymbol{\eta}_1, r_{011}^{(k^*)} \rangle + \langle \overline{\boldsymbol{\eta}}_1, r_{011}^{(k^*)} \rangle + \langle \overline{\boldsymbol{\eta}}_2, r_{110}^{(0)} + 1/\sqrt{2} r_{110}^{(2k^*)} \rangle \right),$$

$$E_{003} = \frac{2d_2}{\sqrt{\ell\pi}(d_1+d_2)} \langle \boldsymbol{\eta}_2, r_{002}^{(0)} + 1/\sqrt{2} r_{002}^{(2k^*)} \rangle$$

需要说明的是，在以上各个表达式中字母 $r_{m_1 m_2 m_3}^{(k)}$ 均是未知的系数，所以对于 $m_1+m_2+m_3=2, k=0, k^*, 2k^*$，还需要计算出 $r_{m_1 m_2 m_3}^{(k)}$。事实上，由算子 $M_2^{(2)}$ 的定义可知

$$\begin{pmatrix} \left[M_2^{(2)}\left(\sum_{j=1}^{2} r_k^{(j)}(z)\phi_k^{(j)}, \phi_k^{(1)} \right) \right] \\ \left[M_2^{(2)}\left(\sum_{j=1}^{2} r_k^{(j)}(z)\phi_k^{(j)}, \phi_k^{(2)} \right) \right] \end{pmatrix} = \mathrm{i}\omega_c (2r_{200}^{(k)} z_1^2 + r_{101}^{(k)} z_1 z_3 - 2r_{020}^{(k)} z_2^2 - r_{011}^{(k)} z_2 z_3) - \boldsymbol{J}_k r_k(z)$$

其中，对于 $k=0, k^*, 2k^*$ 矩阵 $\boldsymbol{J}_k$ 的表达式由方程（5.12）给出。

另一方面，当 $k=0, k^*, 2k^*$ 时，根据式（5.17）、式（5.23）和投影算子 Π 的定义可知

$$\begin{pmatrix} \left[\tilde{g}_2^{(2)}(z,\mathbf{0},\mathbf{0}), \phi_0^{(1)} \right] \\ \left[\tilde{g}_2^{(2)}(z,\mathbf{0},\mathbf{0}), \phi_0^{(2)} \right] \end{pmatrix} = \begin{pmatrix} 0 \\ 0 \end{pmatrix}, \quad \begin{pmatrix} \left[\tilde{g}_2^{(2)}(z,\mathbf{0},\mathbf{0}), \phi_{2k^*}^{(1)} \right] \\ \left[\tilde{g}_2^{(2)}(z,\mathbf{0},\mathbf{0}), \phi_{2k^*}^{(2)} \right] \end{pmatrix} = \sqrt{\frac{1}{2\ell\pi}} q_{002}^{(0)} z_3^2 \begin{pmatrix} 1 \\ -1 \end{pmatrix},$$

$$\begin{pmatrix} \left[\tilde{g}_2^{(2)}(z,\mathbf{0},\mathbf{0}), \phi_{k^*}^{(1)} \right] \\ \left[\tilde{g}_2^{(2)}(z,\mathbf{0},\mathbf{0}), \phi_{k^*}^{(2)} \right] \end{pmatrix} = \frac{d_1}{\sqrt{\ell\pi}(d_1+d_2)} (q_{101}^{(00)} z_1 z_3 + q_{011}^{(00)} z_2 z_3) \begin{pmatrix} 1 \\ -\left(1+\dfrac{d_2 k^{*2}}{\omega_c^2 \ell^2}\right) \end{pmatrix}$$

另外，

$$\begin{pmatrix} \left[M_2^{(2)}\left(\sum_{j=1}^{2} r_k^{(j)}(z)\phi_k^{(j)}, \phi_k^{(1)} \right) \right] \\ \left[M_2^{(2)}\left(\sum_{j=1}^{2} r_k^{(j)}(z)\phi_k^{(j)}, \phi_k^{(2)} \right) \right] \end{pmatrix} = \begin{pmatrix} [\tilde{g}_2^{(2)}(z,\mathbf{0},\mathbf{0}), \phi_k^{(1)}] \\ [\tilde{g}_2^{(2)}(z,\mathbf{0},\mathbf{0}), \phi_k^{(2)}] \end{pmatrix} \quad (5.29)$$

利用比较系数法，比较以上两式中 $z_1^{m_1} z_2^{m_2} z_3^{m_3}$ 项的系数。得到

5 一般性 Brusselator 系统的余维二 Turing-Hopf 分岔

$$\begin{cases} k=0, z_1^2 : (2i\omega_c \mathbf{I} - \mathbf{J}_0) r_{200}^{(0)} = (0,0)^{\mathrm{T}}, z_1 z_2 : \mathbf{J}_0 r_{110}^{(0)} = (0,0)^{\mathrm{T}} \\ k=0, z_2^2 : (2i\omega_c \mathbf{I} - \mathbf{J}_0) r_{020}^{(0)} = (0,0)^{\mathrm{T}}, z_3^2 : \mathbf{J}_0 r_{002}^{(0)} = (0,0)^{\mathrm{T}} \end{cases},$$

$$\begin{cases} k=k^*, z_1 z_3 : (i\omega_c \mathbf{I} - \mathbf{J}_{k^*}) r_{101}^{(k^*)} = \dfrac{d_1 q_{101}^{(00)}}{\sqrt{\ell\pi}(d_1 + d_2)} \left(1, -\left(1 + \dfrac{d_2 k^{*2}}{\omega_c^2 \ell^2}\right)\right)^{\mathrm{T}} \\ k=k^*, z_2 z_3 : (i\omega_c \mathbf{I} + \mathbf{J}_{k^*}) r_{011}^{(k^*)} = \dfrac{d_1 q_{011}^{(00)}}{\sqrt{\ell\pi}(d_1 + d_2)} \left(1, -\left(1 + \dfrac{d_2 k^{*2}}{\omega_c^2 \ell^2}\right)\right)^{\mathrm{T}} \end{cases},$$

$$k=2k^*, z_1 z_2 : \mathbf{J}_{2k^2} r_{110}^{(2k^*)} = (0,0)^{\mathrm{T}}, z_3^2 : \mathbf{J}_{2k^*} r_{002}^{(2k^*)} = -\sqrt{\dfrac{1}{2\ell\pi}} q_{002}^{(00)} (1,-1)^{\mathrm{T}}.$$

将以上各方程解出可得

$$r_{200}^{(0)} = r_{020}^{(0)} = r_{002}^{(0)} = r_{110}^{(0)} = r_{110}^{(2k^*)} = (0,0)^{\mathrm{T}},$$

$$r_{110}^{(k^*)} = \dfrac{d_1 q_{011}^{(00)}}{\sqrt{\ell\pi}(d_1 + d_2)(i\omega_c + T_{k^*})} \left(-1, 1 + \dfrac{d_2 k^{*2}}{\omega_c^2 \ell^2}\right)^{\mathrm{T}},$$

$$r_{101}^{(k^*)} = \dfrac{d_1 q_{101}^{(00)}}{\sqrt{\ell\pi}(d_1 + d_2)(i\omega_c - T_{k^*})} \left(1, -\left(1 + \dfrac{d_2 k^{*2}}{\omega_c^2 \ell^2}\right)\right)^{\mathrm{T}},$$

$$r_{002}^{(2k^*)} = -\sqrt{\dfrac{1}{2\ell\pi}} \dfrac{1}{3\left(\dfrac{4d_1 d_2 k^{*4}}{\ell^4} - \omega_c^2\right)} q_{002}^{(00)} \left(-\dfrac{4d_2 k^{*2}}{\ell^2}, 1 + \dfrac{4d_1 k^{*2}}{\ell^2}\right)^{\mathrm{T}}.$$

其中，$T_{k^*} = -(d_1 + d_2)\dfrac{k^{*2}}{\ell^2}$。因此，将以上各式带入 $E_{210}, E_{102}, E_{111}, E_{003}$ 的表达式，易知

$$E_{210} = 0, \quad E_{102} = \dfrac{d_1 q_{101}^{(00)}}{\ell\pi(d_1 + d_2)(i\omega_c - T_{k^*})} \left[g_{20}^{(00)} + g_{11}^{(00)}\left(\dfrac{(d_1 - d_2)k^{*2}}{\omega_c^2 \ell^2} - 2\right)\right],$$

$$E_{111} = \dfrac{2d_1 d_2}{l\pi(d_1 + d_2)^2}\left\{\left[-g_{20}^{(00)} + g_{11}^{(00)}\left(2 + \dfrac{d_2 k^{*2}}{\omega_c^2 \ell^2} - \dfrac{1}{\omega_c}i\right)\right]\dfrac{q_{011}^{(00)}}{i\omega_c + T_{k^*}}\right. +$$

$$\left.\left[g_{20}^{(00)} - g_{11}^{(00)}\left(2 + \dfrac{d_2 k^{*2}}{\omega_c^2 \ell^2} + \dfrac{1}{\omega_c}i\right)\right]\dfrac{q_{101}^{(00)}}{i\omega_c - T_{k^*}}\right\},$$

135

$$E_{003} = \frac{d_2 q_{02}^{(00)}}{3\ell\pi(d_1+d_2)\left(\frac{4d_1 d_2 k^{*4}}{\ell^4} - \omega_c^2\right)} \left[\frac{4d_2 k^{*2}}{\ell^2} g_{20}^{(00)} + g_{11}^{(00)} \left(\frac{4d_1 d_2 k^{*4}}{\omega_c^2 \ell^4} + 4T_{k^*} - 1 \right) \right]$$

所以结合式（5.24），式（5.25），式（5.27）和式（5.28），可知结论成立。证毕。

因此，由方程（5.21）和引理 5.2.1，引理 5.2.2 可知，系统（5.1）在一致稳态解 E^* 附近发生余维二的 Turing-Hopf 分岔的规范型具有如式（5.30）所示的　形式

$$\dot{z} = Az + \frac{1}{2!} \begin{pmatrix} \mathcal{H}(B_{11} z_1 \varepsilon_1 + B_{12} z_1 \varepsilon_2) \\ B_{31} z_3 \varepsilon_1 + B_{32} z_3 \varepsilon_2 \end{pmatrix} +$$
$$\frac{1}{3!} \begin{pmatrix} \mathcal{H}(B_{210} z_1^2 z_2 + B_{102} z_1 z_3^2) \\ B_{111} z_1 z_2 z_3 + B_{000} z_3^3 \end{pmatrix} + |\varepsilon| O(z, \varepsilon) + O(|z|^4) \tag{5.30}$$

通过变量

$$z_1 = x_1 - \mathrm{i} x_2, \quad z_2 = x_1 + \mathrm{i} x_2, \quad z_3 = x_3$$

变换，可以在实坐标系 (x_1, x_2, x_3) 中将方程（5.30）重新写出来，然后再令

$$x_1 = r\cos\theta, \quad x_2 = r\sin\theta, \quad x_3 = \rho$$

将所得的方程在三次项处截断并移除旋转角项后，得到

$$\begin{cases} \dot{r} = \zeta_1(\varepsilon) r + \kappa_{11} r^3 + \kappa_{12} r \rho^2 \\ \dot{\rho} = \zeta_2(\varepsilon) \rho + \kappa_{21} r^2 \rho + \kappa_{22} \rho^3 \end{cases} \tag{5.31}$$

其中，

$$\zeta_1(\varepsilon) = \frac{\mathrm{Re}(B_{11})}{2} \varepsilon_1 + \frac{\mathrm{Re}(B_{12})}{2} \varepsilon_2, \quad \zeta_2(\varepsilon) = \frac{B_{31}}{2} \varepsilon_1 + \frac{B_{32}}{2} \varepsilon_2,$$
$$\kappa_{11} = \frac{\mathrm{Re}(B_{210})}{6}, \quad \kappa_{12} = \frac{\mathrm{Re}(B_{102})}{6}, \quad \kappa_{21} = \frac{B_{111}}{6}, \quad \kappa_{22} = \frac{B_{003}}{6}.$$

根据文献[21]中的中心流形定理以及文献[27,71]中的分岔理论，可知当 ε 在 $\varepsilon = 0$ 的一个充分小的邻域内时，系统（5.7）与系统（5.31）等价。因此，系统（5.7）在一致稳态解 E^* 附近将会发生余维二的 Turing-Hopf 分岔现象。

所以系统中将会出现同时存在两个空间非齐次稳态解、同时存在一个空间非齐次稳态解和一个齐次周期解、同时存在两个空间非齐次周期解，以及同时存在一个空间非齐次周期解和一个齐次周期解等现象。对于规范型系统（5.31）更多详细的动力学性态，如感兴趣可以参看文献[40,71]。

5.3 特例及数值模拟

在这一节中，将对一个特例进行数值模拟，以验证结论的正确性。为此，取 $f(u)=u^2$，并固定参数为 $(l,d_1,d_2,a,b)=(3,0.2,0.8,1.3522,2.8286)$。容易验证此时的参数 (l,d_1,d_2,a,b) 满足定理 5.2.1（2）④中的条件，且系统（5.1）有唯一的一致稳态解 $E^*=(1.3522,2.0918)$，并且当 $k^*=6$ 时，E^* 为余维二的 Turing-Hopf 分岔点。下面我们将深入探究系统（5.1）在 E^* 附近发生余维二的 Turing-Hopf 分岔时，可能出现的动力学性态。根据第三节的理论结果可知，当参数取 $(l,d_1,d_2,a,b)=(3,0.2,0.8,1.3522,2.8286)$ 时，规范型（5.31）为

$$\begin{cases} \dot{r}=-(1.3522\varepsilon_1-0.5\varepsilon_2)r-0.079r^3-0.0931r\rho^2 \\ \dot{\rho}=-(1.2169\varepsilon_1-0.8\varepsilon_2)\rho-0.2793r^2\rho-0.1214\rho^3 \end{cases} \quad (5.32)$$

其中，$r>0$，$\rho\in\mathbb{R}$。经计算可知，关于系统（5.32）中的平衡点有以下几种情况：① 对任意的 $\varepsilon_1,\varepsilon_2$，系统（5.32）都存在零平衡点 $E_0(0,0)$；② 当 $\varepsilon_2>2.7044\varepsilon_1$ 时，系统（5.32）有一个坐标轴平衡点 $E_1\left(\sqrt{6.3291\varepsilon_2-17.1165\varepsilon_1},0\right)$，而当 $\varepsilon_2>1.5211\varepsilon_1$ 时，系统（5.32）有两个坐标轴平衡点，分别为 $E_2^\pm(0,\pm\sqrt{6.5898\varepsilon_2-10.0239\varepsilon_1})$；③ 当 $\varepsilon_2>-3.6913\varepsilon_1$ 且 $\varepsilon_2>3.6826\varepsilon_1$ 时，系统（5.32）有两个内部平衡点，分别为 $E_3^\pm\left(\sqrt{3.1014\varepsilon_1+0.8402\varepsilon_2},\pm\sqrt{4.6616\varepsilon_2-17.1667\varepsilon_1}\right)$。

事实上，常微分方程系统（5.32）中的平衡点与反应-耗散系统（5.1）中的解具有密切的对应关系。具体来说，系统（5.32）中的零平衡点 E_0 对应着系统（5.1）中的一致稳态解 E^*；系统（5.32）中的坐标轴平衡点 E_1 对应着系统（5.1）中的空间齐次周期解；系统（5.32）中的坐标轴平衡点 $E_2^\pm$ 对应着系统（5.1）中的非常数稳态解；系统（5.32）中的内部平衡点 $E_3^\pm$ 对应着系统（5.1）

中的空间非齐次周期解，而又由于 $k^*/l=2$，所以此时系统（5.1）中的空间非齐次周期解具有 $\cos 2x$ 形状的空间结构和周期的时间结构。

由以上关于系统（5.32）中的平衡点的存在性条件，有以下的分岔曲线：

$$H:\varepsilon_2=2.7044\varepsilon_1;\quad SH_1:\varepsilon_2=-3.6913\varepsilon_1,\varepsilon_1<0;$$
$$T:\varepsilon_2=1.5211\varepsilon_1;\quad SH_2:\varepsilon_2=3.6826\varepsilon_1,\varepsilon_1>0$$

在 $(\varepsilon_1,\varepsilon_2)$ 平面上，这 4 条分岔曲线将原点的一个小邻域分为 6 个部分，其在参数平面 ε_1-ε_2 上所对应的分岔图表，如图 5.1 所示。下面将对图 5.1 中的 6 个参数区域所对应的系统的动力学性态进行逐一讨论。

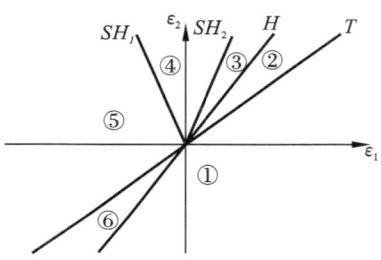

图 5.1　平面 ε_1-ε_2 上的分岔图表

（1）当参数 $(\varepsilon_1,\varepsilon_2)$ 在区域①中时，系统（5.32）有唯一的一个平衡点 E_0，并且它是渐进稳定的。这意味着系统（5.7）有唯一的渐进稳定的一致稳态解 E^*。我们可以取参数 $(\varepsilon_1,\varepsilon_2)=(0.021,-0.015)$，在图 5.1 中的区域①内，且当其初值条件取为 $u(x,0)=1.3742+0.01\cos(2x)$，$v(x,0)=2.0474-0.01\cos(2x)$ 时，系统（5.7）的相图如图 5.2 所示。

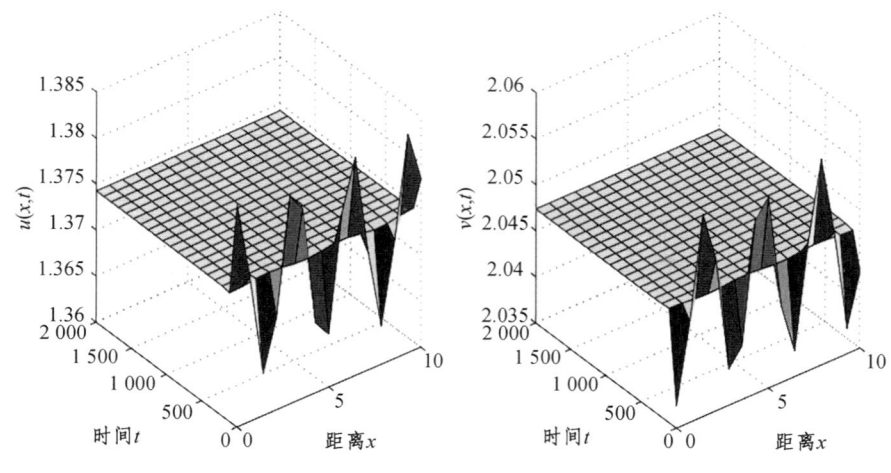

图 5.2　渐进稳定的一致稳态解 $E^*(1.3742,2.0474)$

5 一般性 Brusselator 系统的余维二 Turing-Hopf 分岔

（2）当参数 $(\varepsilon_1,\varepsilon_2)$ 在区域②中时，系统（5.32）有三个平衡点 E_0, E_2^+ 和 E_2^-。其中，E_0 是不稳定的平衡点而 E_2^+, E_2^- 均为渐进稳定的平衡点。这意味着系统（5.7）有一个不稳定的一致稳态解 E^*，和两个稳定的具有形状为 $\cos(2x)$ 的非齐次空间结构的空间非齐次稳态解。取 $(\varepsilon_1,\varepsilon_2)=(0.015,0.025)$ 在区域②中，此时系统（5.7）中的一致稳态解 $E^*(1.3672,2.0817)$ 随着时间的变化将会收敛到稳定的空间非常数稳态解。对于不同的初值条件，做如下的数值模拟。当我们取初值条件为 $u(x,0)=1.3672+0.02\cos(2x)$, $v(x,0)=2.0817-0.02\cos(2x)$ 时，系统（5.7）的相图，将会如图 5.3 中的 A, B 所示；反之，如果取如下不同的初值条件 $u(x,0)=1.3672-0.02\cos(2x)$, $v(x,0)=2.0817+0.02\cos(2x)$ 时，则系统（5.7）的相图，如图 5.3 中 C, D 所示。

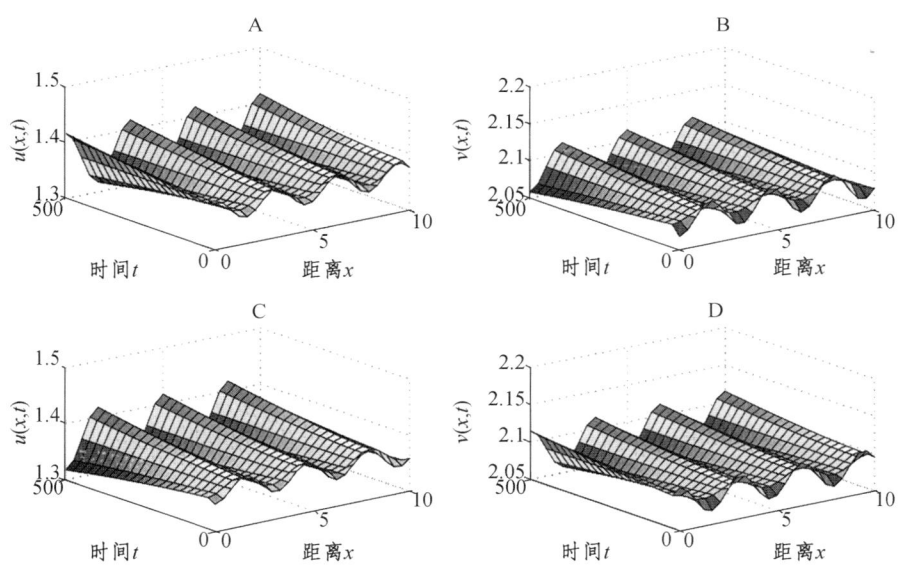

图 5.3　两个不同初值条件的形状为 $\cos(2x)$ 的稳定的非齐次稳态解

（3）当参数 $(\varepsilon_1,\varepsilon_2)$ 在区域③中时，系统（5.32）有 4 个平衡点 E_0, E_1, E_2^+ 和 E_2^-。其中，E_0, E_1 均是不稳定的平衡点而 E_2^+, E_2^- 均为渐进稳定的平衡点。这意味着系统（5.7）有一个不稳定的一致稳态解 E^*，一个不稳定的空间齐次周期解，和两个稳定的具有形状为 $\cos(2x)$ 的非齐次空间结构的空间非齐次稳态解。可取 $(\varepsilon_1, \varepsilon_2) = (-0.012, -0.032)$ 在区域③中，此时系统（5.7）中的一个不稳定的空间齐次周期解随着时间的变化，将会变成一个稳定的空间非齐次稳态解，并且不稳定的空间齐次周期解与稳定的空间非齐次稳态解之间存在着一个连接轨道。取初值条件为 $u(x,0) = 1.3762 - 0.001\cos(2x)$，$v(x,0) = 2.1104 - 0.001\cos(2x)$ 时，系统（5.7）的相图如图 5.4 所示。

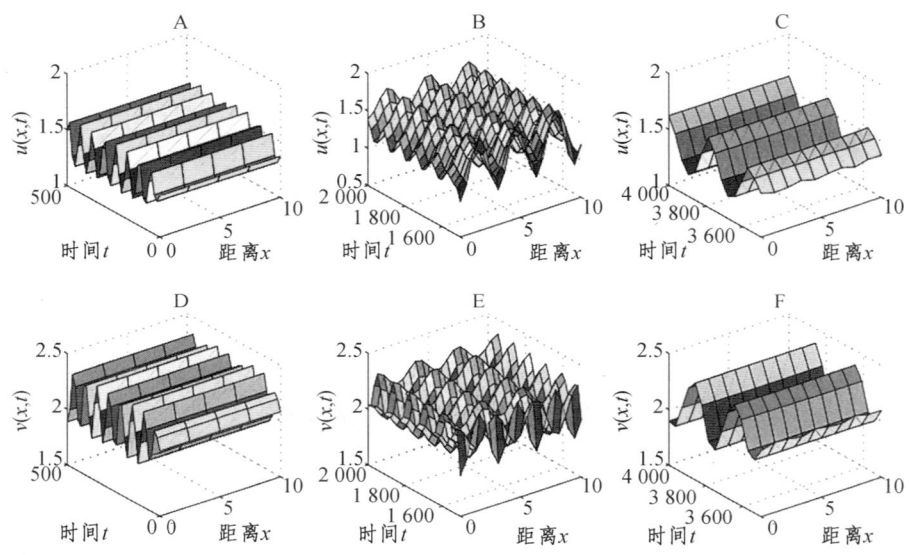

图 5.4 存在异宿轨道连接不稳定的空间齐次周期解和稳定的空间非齐次稳态解

注：A, D 为初始的行为，B, E 为中间的行为，C, F 为长时间的行为。

（4）当参数 $(\varepsilon_1, \varepsilon_2)$ 在区域④中时，系统（5.32）有 6 个平衡点 E_0, E_1, E_2^+, E_2^-, E_3^+ 和 E_3^-。其中，E_0, E_3^+, E_3^- 均是不稳定的平衡点，而 E_1, E_2^+, E_2^- 均为渐进稳定的平衡点。这意味着系统（5.7）有一个不稳定的一致稳态解 E^*、两个不稳定的具有形状为 $\cos(2x)$ 的非齐次空间结构和周期的时间结构的空间非齐次周期解、一个稳定的空间齐次周期解和两个稳定的具有形状为 $\cos(2x)$ 的非齐次空间结构的空间非齐次稳态解。取 $(\varepsilon_1, \varepsilon_2) = (-0.012, 0.063)$ 在区域③中，此时系统（5.7）中的一个不稳定的具有形状为 $\cos(2x)$ 的非齐次空间结构和周期的时间结构的空间非齐次周期解，随着时间的变化将会变成一个稳定的空间齐次稳态解。取初值条件为 $u(x,0) = 1.3342 - 0.15\cos(2x)$，$v(x,0) = 2.1575 -$

$0.15\cos(2x)$ 时,系统(5.7)的相图如图 5.5 所示。

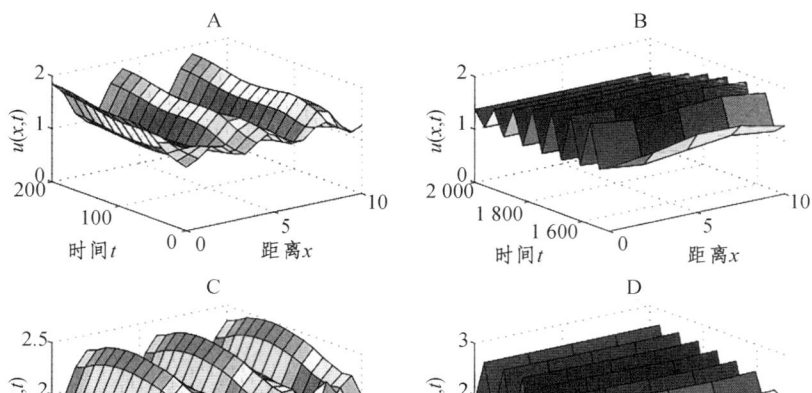

图 5.5 存在异宿轨道连接不稳定的空间非齐次周期解和稳定的空间齐次周期解

注:A,C 为初始的行为,B,D 为长时间的行为。

(5)当参数 $(\varepsilon_1,\varepsilon_2)$ 在区域⑤中时,系统(5.32)有 4 个平衡点 E_0,E_1,E_2^+ 和 E_2^-。其中,E_0,E_2^+,E_2^- 均是不稳定的平衡点,而 E_1 为渐进稳定的平衡点。这意味着系统(5.7)有一个不稳定的一致稳态解 E^*、两个不稳定的具有形状为 $\cos(2x)$ 的非齐次空间结构的空间非齐次稳态解和一个稳定的空间齐次周期解。取 $(\varepsilon_1,\varepsilon_2)=(-0.023,-0.025)$ 在区域⑤中,此时系统(5.7)中的一个不稳定的具有形状为 $\cos(2x)$ 的非齐次空间结构的空间非齐次稳态解,随着时间的变化将会逐渐变成一个稳定的空间齐次周期解的形式,对此给出其对应的数值模拟。所以当取初值条件为 $u(x,0)=1.3292+0.09\cos(2x)$, $v(x,0)=2.1091-0.09\cos(2x)$ 时,系统(5.7)的相图如图 5.6 所示。

(6)当参数 $(\varepsilon_1,\varepsilon_2)$ 在区域⑥中时,系统(5.32)有两个平衡点 E_0 和 E_1。其中,E_0 是不稳定的平衡点,而 E_1 为渐进稳定的平衡点。这意味着系统(5.7)有一个不稳定的一致稳态解 E^* 和一个稳定的空间齐次周期解。因此,可取参数 $(\varepsilon_1,\varepsilon_2)$ 使得 $(\varepsilon_1,\varepsilon_2)=(0.023,0.0635)$ 在图 5.1 中的区域⑥内,并且当取的初值

条件为 $u(x,0) = 1.2222 - 0.65\cos(2x)$，$v(x,0) = 2.1342 + 0.65\cos(2x)$ 时，系统（5.7）的相图如图 5.7 所示。

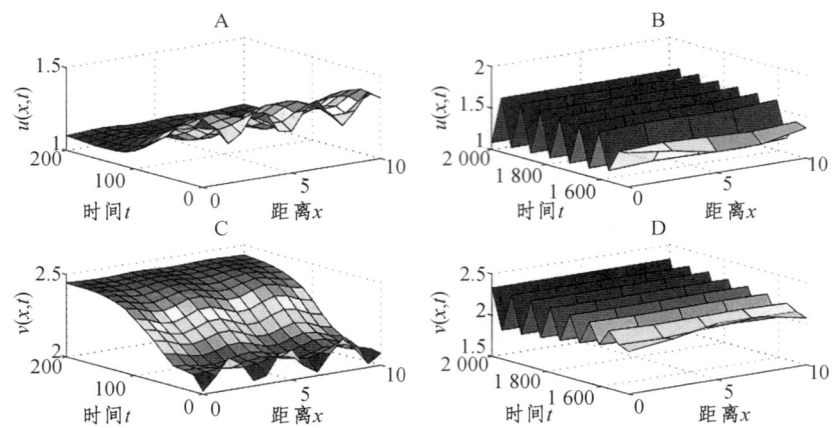

图 5.6　存在异宿轨道连接不稳定的空间非齐次稳态解和稳定的空间齐次周期解

注：A, C 为初始的行为，B, D 为长时间的行为。

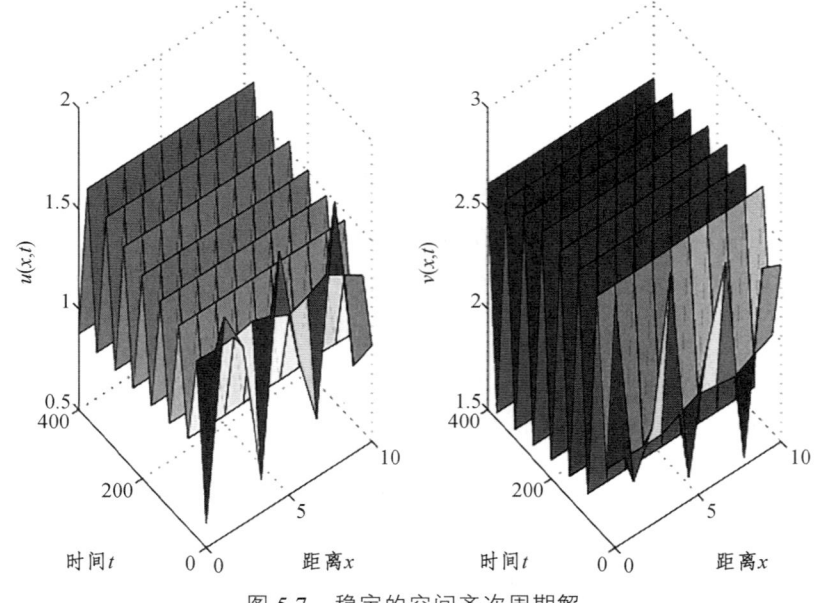

图 5.7　稳定的空间齐次周期解

从以上的数值模拟，不难看出，系统在适当的参数条件下有着丰富的动力学性态。

5.4 本章小结

在本章中，探究了一类带有一般性的 Brusselator 项的反应-扩散系统，在余维二的 Turing-Hopf 分岔点附近的时空动力学性态。在本章的第 2 节证明了系统的余维二 Turing-Hopf 分岔点的存在性，并给出了系统需要满足的具体参数条件。接着，在本章的第 3 节通过选取 a,b 为分岔参数，利用解析的方法求出了系统发生余维二 Turing-Hopf 分岔在中心流形上的规范型即所谓的普适开折。在本章的最后一部分，根据前一部分得到的具体的规范型，针对 $f(u)$ 的一个特殊取法，利用数值模拟的方法对系统在余维二 Turing-Hopf 分岔点附近的复杂时空动力学性态进行了探究。余维二的 Turing-Hopf 分岔包含着 6 种分岔情形，针对每一种具体的情况均给出了数值模拟以验证理论知识的正确性。

6

带有被捕食者
趋向性的捕食者
与被捕食者模型
的全局分岔

在实际的种群生态系统中，除了捕食者和被捕食者的随机扩散外，捕食者速度的时空变化通常由被捕食者的趋向性决定，被捕食者的趋向性是指由被捕食者密度控制的捕食者的运动。研究表明在区域限制搜索中，捕食者往往向食物丰富的地区迁移以提高觅食效率。除此之外，一些其他测量个体运动特征的研究也支持被捕食者趋向性的机制。与没有被捕食者趋向性的模型相比，带有被捕食者趋向性的模型可能会产生丰富的动力学性态，并产生不同的空间模式。例如，系统的解可以是周期性的、拟周期性的，或出现混沌行为。

因此，本章将重点考虑带有被捕食者趋向性的捕食者与被捕食者模型，如式（6.1）所示：

$$\begin{cases} \dfrac{\partial u}{\partial t} = d_1 \Delta u + g(u)(f(u)-v), & x \in \Omega, t > 0 \\ \dfrac{\partial v}{\partial t} = d_2 \Delta v - \nabla(\chi q(v) \nabla u) + v(\gamma g(u) - \delta), & x \in \Omega, t > 0 \\ \dfrac{\partial u}{\partial v} = \dfrac{\partial v}{\partial v} = 0, & x \in \partial\Omega, t > 0 \\ u(x,0) = u_0(x) \geqslant 0, \; v(x,0) = v_0(x) \geqslant 0, & x \in \Omega \end{cases} \quad (6.1)$$

以上各个字母的实际意义与系统（1.6）中的一样，在此不再赘述。虽然不同形式下的系统（6.1）已被广泛讨论，但是有关其全局稳态分岔却鲜有文章论述。为此，本章的主要目的是寻找稳态问题（6.2）的非常数正解：

$$\begin{cases} d_1 \Delta u + g(u)(f(u)-v) = 0, & x \in \Omega \\ d_2 \Delta v - \nabla(\chi q(v) \nabla u) + v(\gamma g(u) - \delta) = 0, & x \in \Omega \\ \dfrac{\partial u}{\partial v} = \dfrac{\partial v}{\partial v} = 0, & x \in \partial\Omega \end{cases} \quad (6.2)$$

为了研究系统（6.2）的全局分岔，不需要函数 $f(u)$，$g(u)$ 和 $q(v)$ 的具体代数形式。故而，对这些函数作如下具有更一般性的假设：

（H1） $q \in C^1(\overline{R}^+)$，$q(0) = 0$，并且 $0 < q(v) \leqslant v$ 对任何 $v > 0$；

（H2） $f \in C^1(\overline{R}^+)$，$f(0) > 0$，并且存在两个常数 $0 < \alpha < K$，使得对任意的 $u > 0$，$u \neq K$ 均有 $f(K) = 0$，$f(u)(u-K) < 0$，同时对任意的 $u > 0$，$u \neq \alpha$ 均有

$f'(u)(u-\alpha) < 0$;

（H3） $g \in C^1(\overline{R}^+)$, $g(0) = 0$ ，并且对任意的 $u \geq 0$ 均有 $g'(u) > 0$ 。

6.1 唯一内部平衡点的定性分析

在这一部分，将通过分析特征方程根的情况对系统（6.1）的正平衡点的局部稳定性进行讨论。由假设（H1），（H2），（H3）易知，系统（6.1）有两个边界平衡点 $(0,0)$ 和 $(K,0)$ ，以及唯一的正平衡点 $(u^*, v^*) = (\beta, f(\beta))$ ，其中 $0 < \beta < K$ 为唯一满足 $\gamma g(\beta) = \delta$ 的实数。当 $\chi = 0$ 时，系统（6.1）的动力学性态已经在文献[157]有了深入的讨论。为了文章的完整性，给出如下有关正平衡点 (u^*, v^*) 稳定性的结果。

引理 6.1.1[157]　当 $\chi = 0$ 且 $\alpha < \beta < K$ 时，则系统（6.1）的正平衡点 (u^*, v^*) 线性局部渐进稳定。

在余下的篇幅中，将讨论当 $\chi \neq 0$ 且 $\alpha < \beta < K$ 时，系统（6.1）的正平衡点 (u^*, v^*) 的线性稳定性。通过简单的计算易知，系统（6.1）在正平衡点 (u^*, v^*) 处的线性化系统具有形式：

$$U_t = D\Delta U + JU$$

其中，

$$U = (u,v)^T, \quad D = \begin{bmatrix} d_1 & 0 \\ -\chi q(f(\beta)) & d_2 \end{bmatrix}, \quad J = \begin{bmatrix} g(\beta)f'(\beta) & -g(\beta) \\ \gamma g'(\beta)f(\beta) & 0 \end{bmatrix}$$

令 $0 = \mu_0 < \mu_1 < \mu_2 < \cdots$ 为 $-\Delta$ 在齐次 Neumann 边界条件下的单特征值，并记其对应的正则特征函数为 $\phi_k(x)$ ，即 $\int_\Omega \phi_k(x) \mathrm{d}x = 1$ 。从而，对应的特征方程为

$$\Gamma_k(\chi) = \lambda^2 - T_k(\chi)\lambda + D_k(\chi) = 0, \ k \in \mathbb{N}_0$$

其中，

$$T_k(\chi) = -(d_1 + d_2)\mu_k + g(\beta)f'(\beta),$$
$$D_k(\chi) = d_1 d_2 \mu_k^2 + [\chi q(f(\beta)) - d_2 f'(\beta)]g(\beta)\mu_k + \gamma g(\beta)g'(\beta)f(\beta)$$

由假设（H2）可知，当 $0 < u < \alpha$ 时，$f'(u) > 0$，而当 $u > \alpha$ 时，$f'(u) < 0$。因此，当 $\alpha < \beta < K$ 时，对任意的 $k \in \mathbb{N}_0$ 均有 $T_k(\chi) < 0$ 成立。结合 $\mu_k \geqslant 0$ 和 $D_k(\chi)$ 的表达式，可以容易地得到，当 $\chi q(f(\beta)) - d_2 f'(\beta) \geqslant 0$ 或 $\chi q(f(\beta)) - d_2 f'(\beta) < 0$ 且 $[\chi q(f(\beta)) - d_2 f'(\beta)]^2 g^2(\beta) - 4 d_1 d_2 \gamma g(\beta) g'(\beta) f(\beta) < 0$ 时，对任意的 $k \in \mathbb{N}_0$ 均有 $D_k(\chi) > 0$ 成立。通过计算得到

$$\chi > \chi_c$$

其中 $\chi_c = \dfrac{d_2 g(\beta) f'(\beta) - 2\sqrt{d_1 d_2 \gamma g(\beta) g'(\beta) f(\beta)}}{g(\beta) q(f(\beta))}$。

从而，有如下定理。

定理 6.1.1 如果 $\alpha < \beta < K$ 且 $\chi > \chi_c$，则系统（6.1）的正平衡点 (u^*, v^*) 局部线性渐进稳定。

注 6.1.1 由于当 $\alpha < \beta < K$ 时 $f'(\beta) < 0$，继而容易得到 $\chi_c < 0$。结合引理 6.1.1 和定理 6.1.1 可知，斑图形成只可能发生在 $\chi < 0$ 即排斥的被捕食者趋向性时。从生态学的角度来看，被捕食者趋向性系数为负，意味着捕食者倾向于向被捕食者密度较高的相反方向移动，以避免大量被捕食者的群体防御。

因此，对任意的 $\chi \geqslant 0$，系统（6.1）都不会出现 Turing 斑图，且仅当 $\chi < \chi_c < 0$ 时，系统（6.1）的正平衡点 (u^*, v^*) 才有可能变得不稳定。由于 $T_0(\chi) < 0$ 且 $D_0(\chi) > 0$，为了研究正平衡点 (u^*, v^*) 的不稳定性，必须使 $\Gamma_k(\chi) = 0$ 有一个正根，这意味着对于某个 $k \in \mathbb{N}$，$D_k(\chi) < 0$。

令

$$P(\mu_k) = \dfrac{d_1 d_2 \mu_k^2 - d_2 g(\beta) f'(\beta) \mu_k + \gamma g(\beta) g'(\beta) f(\beta)}{g(\beta) q(f(\beta)) \mu_k}$$

和

$$Q(x) = \dfrac{d_1 d_2 x^2 - d_2 g(\beta) f'(\beta) x + \gamma g(\beta) g'(\beta) f(\beta)}{g(\beta) q(f(\beta)) x}$$

显然，$D_k(\chi) < 0$ 的充要条件是 $\chi < -P(\mu_k)$。事实上，很容易证明存在

$$x_0 = \sqrt{\frac{\gamma g(\beta)g'(\beta)f(\beta)}{d_1 d_2}},$$ 使得当 $x > x_0$ 时，$Q'(x) > 0$，而当 $x < x_0$ 时，$Q'(x) < 0$。又根据 μ_k 的性质，易知存在常数 $k_0 \in \mathbb{N}$ 使得 $\mu_{k_0} < x_0 \leqslant \mu_{k_0+1}$。为此，令

$$\chi_{\max} = -\min\{P(\mu_{k_0}), P(\mu_{k_0+1})\}$$
$$= -\min_{k \in \mathbb{N}} \frac{d_1 d_2 \mu_k^2 - d_2 g(\beta)f'(\beta)\mu_k + \gamma g(\beta)g'(\beta)f(\beta)}{g(\beta)q(f(\beta))\mu_k} \quad (6.3)$$

继而，可以知道当 $\chi < \chi_{\max}$ 时，那么至少存在一个 $k \in \mathbb{N}$ 使得 $D_k(\chi) < 0$。从而，很容易得到如下定理。

定理 6.1.2 当 $\alpha < \beta < K$ 且 $\chi < \chi_{\max}$ 时，则系统（6.1）的正平衡点 (u^*, v^*) 局部线性不稳定。

注 6.1.2 通过计算可知，$\min_{x \geqslant 0} Q(x) = Q(x_0) = -\chi_c$。结合 $P(\mu_k)$，$Q(x)$ 的表达式以及式（6.3），容易看出 $\chi_{\max} \leqslant \chi_c < 0$。这意味着系统（6.1）的正平衡点 (u^*, v^*) 的不稳定性不足以保证系统空间非齐次稳态的存在性。另外，结合引理 6.1.1 和定理 6.1.2 可知，当被捕食者趋向性小于 $\chi_{\max}$ 时可以使正平衡点 (u^*, v^*) 失稳。

6.2 全局稳态分岔

从生态学意义上来看，一个非常数正解对应着捕食者和被捕食者共生的稳态。因此，本节主要目的还是探究系统（6.2）的非常数正解。在这一节中，将会利用一个全局分岔定理的方法，得到从正平衡点 (u^*, v^*) 分岔出的非常数正解。

为了研究系统（6.2）的全局分岔，需要首先给出系统（6.2）的正解的一个先验估计。利用文献[162]中的方法可以得到下面的定理。

定理 6.2.1 如果 (u, v) 是系统（6.2）的任意一个正解，那么存在两个与 u 和 v 均无关的正常数 C_1 和 C_2 使得

$$\|u\|_\infty \leqslant C_1 \text{ 且 } \|v\|_\infty \leqslant C_2$$

证明：由系统（6.2）的第一个方程可知

$$d_1\Delta u + g(u)(f(u)-v) \leqslant g(u)f(u)$$

又由假设（H2），（H3）和极大值原理[152]可以得到系统（6.2）的任一非负解满足 $0 < u(x) < K$。这意味着存在一个与 u 和 v 均无关的正常数 C_1 使得 $\|u\|_\infty \leqslant C_1$。

系统（6.2）的前两个方程两边同时在 Ω 上积分，然后将得到的方程加起来，可以得到

$$\int_\Omega [(1-\gamma)g(u)+\delta]v\mathrm{d}x = \int_\Omega g(u)f(u)\mathrm{d}x$$

由于 $\|u\|_\infty \leqslant C_1$ 且 $\gamma \leqslant 1$，该等式意味着存在一个正常数 K_1 使得

$$\|v\|_1 \leqslant K_1 \tag{6.4}$$

接着，在系统（6.2）的第二个方程两边同时乘以 v^k，其中 $k>0$ 为任意常数，对得到的方程进行积分可以得到

$$\int_\Omega -d_2 v^k \Delta v \mathrm{d}x = -\int_\Omega \chi v^k \nabla(q(v)\nabla u)\mathrm{d}x + \int_\Omega v^{k+1}(\gamma g(u)-\delta)\mathrm{d}x \tag{6.5}$$

令 $K_2 = |\gamma g(K) - \delta|$，式（6.5）通过分部积分法，可以得到

$$\begin{aligned}\int_\Omega d_2 k v^{k-1} |\nabla v|^2 \mathrm{d}x &= \int_\Omega \chi k v^{k-1} q(v)\nabla u \nabla v \mathrm{d}x + \int_\Omega v^{k+1}(\gamma g(u)-\delta)\mathrm{d}x \\ &\leqslant \int_\Omega \chi k v^{k-1} q(v)\nabla u \nabla v \mathrm{d}x + K_2 \int_\Omega v^{k+1}\mathrm{d}x\end{aligned} \tag{6.6}$$

因此，由式（6.6）和假设（H1）可知

$$\begin{aligned}\int_\Omega \frac{d_2 k}{(k+1)^2}\left|\nabla\left(v^{\frac{k+1}{2}}\right)\right|^2 \mathrm{d}x &= \int_\Omega \frac{d_2 k}{(k+1)^2}\left|\frac{k+1}{2}v^{\frac{k+1}{2}}\nabla v\right|^2 \mathrm{d}x \\ &= \int_\Omega \frac{d_2 k}{4} v^{k-1} |\nabla v|^2 \mathrm{d}x \\ &\leqslant \int_\Omega d_2 k v^{k-1} |\nabla v|^2 \mathrm{d}x \\ &\leqslant \int_\Omega \chi k v^{k-1} q(v)\nabla u \nabla v \mathrm{d}x + K_2 \int_\Omega v^{k-1}\mathrm{d}x \\ &\leqslant \int_\Omega \chi k v^k \nabla u \nabla v \mathrm{d}x + K_2 \int_\Omega v^{k+1}\mathrm{d}x\end{aligned} \tag{6.7}$$

对于任意的 $k>0$，在系统（6.2）的第一个方程两边同时乘以 χv^{k+1} 并利用分部积分法在 Ω 上进行积分，可以得到

$$\int_\Omega d_1\chi(k+1)v^k\nabla u\nabla v\mathrm{d}x = -\int_\Omega d_1\chi v^{k+1}\Delta u\mathrm{d}x$$
$$= \int_\Omega \chi v^{k+1}g(u)(f(u)-v)\mathrm{d}x$$
$$\leqslant \int_\Omega \chi v^{k+1}g(u)f(u)\mathrm{d}x$$

从而，

$$\int_\Omega \chi kv^k\nabla u\nabla v\mathrm{d}x \leqslant \frac{k}{d_1(k+1)}\int_\Omega \chi v^{k+1}g(u)f(u)\mathrm{d}x \qquad (6.8)$$

结合式（6.8）和式（6.7），易知

$$\int_\Omega \left|\nabla\left(v^{\frac{k+1}{2}}\right)\right|^2 \mathrm{d}x \leqslant \frac{(k+1)^2}{d_2 k}\left[\frac{k}{d_1(k+1)}\int_\Omega \chi v^{k+1}g(u)f(u)\mathrm{d}x + K_2\int_\Omega v^{k+1}\mathrm{d}x\right]$$
$$\leqslant \rho_1(k)(k+1)^2\int_\Omega v^{k+1}\mathrm{d}x \qquad (6.9)$$

其中，$\rho_1(k)=\dfrac{\chi g(K)f(\alpha)}{d_1 d_2(k+1)}+\dfrac{K_2}{d_2 k}$。

由 Sobolev 不等式可知存，在一个常数 $K_3>0$ 使得

$$\left(\int_\Omega v^{(k+1)m}\mathrm{d}x\right)^{\frac{1}{m}} \leqslant K_3\int_\Omega \left(\left|\nabla\left(v^{\frac{k+1}{2}}\right)\right|^2 + v^{k+1}\right)\mathrm{d}x$$

其中，当 $n>2$ 时，$m=\dfrac{n}{n-2}$；或者当 $n\leqslant 2$ 时，$m>1$ 为任意常数。继而，结合式（6.9），可以得到

$$\left(\int_\Omega v^{(k+1)m}\mathrm{d}x\right)^{\frac{1}{m}} \leqslant \rho_2(k)(k+1)^2\int_\Omega v^{k+1}\mathrm{d}x \qquad (6.10)$$

其中，$\rho_2(k)=K_3\left[\rho_1(k)+\dfrac{1}{(k+1)^2}\right]$。

式（6.10）意味着

$$\|v\|_{(k+1)m} \leqslant [\rho_2(k)(k+1)^2]^{\frac{1}{k+1}} \|v\|_{k+1} \quad (6.11)$$

对于给定的 $l>1$，取 $k+1=lm^i, i=0,1,2,\cdots$，由式（6.11）可知

$$\|v\|_{lm^{i+1}} \leqslant [\rho_2(k)l^2m^{2i}]^{\frac{1}{lm^i}} \|v\|_{lm^i} \quad (6.12)$$

迭代式（6.12），得到

$$\|v\|_\infty \leqslant [\rho_2(k)l^2]^{\frac{m}{l(m-1)}} m^{\frac{2m}{l(m-1)^2}} \|v\|_l$$

注意 $\rho_2(k)=K_3\left[\dfrac{\chi g(K)f(\alpha)}{d_1d_2(k+1)}+\dfrac{K_2}{d_2k}+\dfrac{1}{(k+1)^2}\right]$。因此，当 k 离 0 很远时，$\rho_2(k)$ 是有界的。这意味着存在一个正常数 $\rho_3(l)$，使得

$$\|v\|_\infty \leqslant \rho_3(l)^{\frac{m}{l(m-1)}} m^{\frac{2m}{l(m-1)^2}} \|v\|_l \quad (6.13)$$

由 Hölder 不等式可知

$$\|v\|_l \leqslant \|v\|_\infty^{\frac{l-1}{l}} \|v\|_1^{\frac{1}{l}} \quad (6.14)$$

从而由不等式（6.13）和（6.14），可以得到

$$\|v\|_\infty \leqslant \rho_3(l)^{\frac{m}{m-1}} m^{\frac{2m}{(m-1)^2}} \|v\|_1$$

因此，由式（6.4）可知，存在一个与 u,v 均无关的正常数 C_2 使得 $\|v\|_\infty \leqslant C_2$。故而，命题得证。

在这一节余下的部分中，将会选取被捕食者趋向性系数 χ 作为分岔参数，通过全局分岔定理得到一支从正平衡点 (u^*,v^*) 分岔出来的非常数稳态解。为此，需要一些已有的结论。因此，我们首先将文献[163]中的结果（其为著名的 Crandall-Rabinowitz 分岔定理[164]的另一种形式）陈述如下。

引理 6.2.1 令 X 和 Y 为实巴拿赫空间，$W \subset \mathbb{R}\times X$ 为开集。假设 $(\zeta_0,0)\in W$，F 为从集合 W 到 Y 的连续可微映射。如果：

（1）对所有的 $(\zeta,0) \in W$ 均有 $F(\zeta,0) = 0$。

（2）偏导数 $F_{\zeta y}(\zeta,y)$ 存在且连续。

（3）存在 $(\zeta_0,0) \in W$ 使得 $R(F_y(\zeta_0,0))$ 是闭的，$\dim \ker(F_y(\zeta_0,0)) = 1$ 且 $\operatorname{codim} R(F_y(\zeta_0,0)) = 1$。

（4）$F_{\zeta y}(\zeta_0,0) y_0 \notin R(F_y(\zeta_0,0))$，其中空间 $\ker(F_y(\zeta_0,0))$ 由 y_0 组成。

令 $Z \subseteq Y$ 为任意由 y_0 组成的一维闭紧空间，那么存在一个包含零点的开区间 I_0 和连续可微函数 $\zeta: I_0 \to \mathbb{R}$，$\eta: I_0 \to Z$ 满足 $\zeta(0) = \zeta_0$ 以及 $\eta(0) = 0$，使得对任意的 $s \in I_0$ 均有

$$F(\zeta(s), sy_0 + s\eta(s)) = 0$$

此外，在 W 中 $(\zeta,0)$ 的任意充分小的邻域内，$F(\zeta,y) = 0$ 的整个解集由直线 $(\zeta,0)$ 和曲线 $(\zeta(s), sy_0 + s\eta(s))$ 组成。

（5）对任意 $(\zeta,y) \in W$，$F_y(\zeta,y)$ 均为 Fredholm 算子，则曲线 $(\zeta(s), sy_0 + s\eta(s))$ 包含在 C 中，其中 C 为 $\overline{S}$ 的一个连通紧子集，而 $S = \{(\zeta,y) \in W : F(\zeta,y) = 0, y \neq 0\}$。另外，$C$ 要么不是 W 中的紧集，要么还包含一个点 $(\zeta^*, 0)$，其中 $\zeta^* \neq \zeta_0$。

为了方便使用上述分岔引理，通过变量变换 $\tilde{u} = u - u^*, \tilde{v} = v - v^*$ 将系统（6.2）中的正平衡点 (u^*, v^*) 平移到原点。然后将 $\tilde{u}, \tilde{v}$ 重新记为 u, v，此时系统（6.2）变为

$$\begin{cases} F(\chi, u, v) = 0, & x \in \Omega \\ \dfrac{\partial u}{\partial \nu} = \dfrac{\partial v}{\partial \nu} = 0, & x \in \partial\Omega \end{cases} \quad (6.15)$$

其中，

$$F(\chi, u, v) = \begin{pmatrix} d_1 \Delta u + g(u+u^*)(f(u+u^*) - v - v^*) \\ d_2 \Delta v - \nabla(\chi q(v+v^*) \nabla(u+u^*)) + (v+v^*)(\gamma g(u+u^*) - \delta) \end{pmatrix}$$

同时，定义如下 Sobolev 空间：

$$X = \{(u,v) \in W^{2,p}(\Omega) \times W^{2,p}(\Omega) : \dfrac{\partial u}{\partial \nu} = \dfrac{\partial v}{\partial \nu} = 0, x \in \partial\Omega\},$$

$$W = \{(\chi, u, v) \in \mathbb{R} \times X : \chi < 0, u + u^* > 0, v + v^* > 0\},$$

$$Y = L^p(\Omega) \times L^p(\Omega)(p > n),$$

$$Z = \{(u, v) \in X : \int_\Omega \left[u + \frac{g(\beta)f'(\beta) - d_1\mu_k}{g(\beta)}v\right]\phi_k \mathrm{d}x = 0\}$$

接下来，将会逐步证明在适当的条件下，系统（6.15）满足引理 6.2.1 的所有条件。从而，得到如下定理。

定理 6.2.2 假设 $\alpha < \beta < K$。如果对于任意给定的正整数 k，有

$$\chi = \chi_0(k) \text{ 且 } d_1 d_2 \mu_j \mu_k \neq \gamma g(\beta) g'(\beta) f(\beta)$$

其中，$\chi_0(k) = -\dfrac{d_1 d_2 \mu_k^2 - d_2 g(\beta)f'(\beta)\mu_k + \gamma g(\beta)g'(\beta)f(\beta)}{g(\beta)q(f(\beta))\mu_k}$，$j \in \mathbb{N}$，那么系统（6.2）将会从正平衡点处 (u^*, v^*) 分岔出来一支非常数正解。即，存在一个很小的正常数 ε 使得系统（6.2）在 $(\chi_0(k), u^*, v^*) \in \mathbb{R} \times X$ 附近的所有正解均可以作参数化：

$$\{(\chi, u, v) = (\chi(\tau), u_k(x, \tau), v_k(x, \tau)) \in \mathbb{R}_- \times X : -\varepsilon < \tau < \varepsilon\}$$

其中，$(\chi(\tau), u_k(x, \tau), v_k(x, \tau))$ 为关于 τ 的一个有界光滑函数，并满足

$$\chi(\tau) = \chi_0(k) + O(\tau), \quad (u_k(x, \tau), v_k(x, \tau)) = (u^*, v^*) + \tau\left(1, \frac{g(\beta)f'(\beta) - d_1\mu_k}{g(\beta)}\right)\phi_k(x) +$$

$o(\tau)$ 以及 $(u_k(x,\tau), v_k(x,\tau)) - (u^*, v^*) - \tau\left(1, \dfrac{g(\beta)f'(\beta) - d_1\mu_k}{g(\beta)}\right)\phi_k(x) \in Z$。而且，分岔分支是集合 $\overline{S}$ 的连通分量 C_0 的一部分，其中，

$$S = \{(\chi, u, v) \mid (\chi, u - u^*, v - v^*) \in W, F(\chi, u - u^*, v - v^*) = 0, (u, v) \neq (u^*, v^*)\}$$

C_0 要么在 χ 方向延伸到无穷大，要么包含一个点 (χ, u, v)，其中 $(\chi, u - u^*, v - v^*) \in \partial W$。此外，如果 $\mu_k \neq \dfrac{g'(0)f(0)}{d_1}, \dfrac{\gamma g(K) - \delta}{d_2}$，那么 C_0 在 χ 方向可以延伸到无穷大。

证明： 对于任意的 $\chi \in \mathbb{R}$，很容易验证 $F(\chi, 0, 0) = 0$ 且 $F: \mathbb{R} \times X \to Y$ 是连

续可微的。通过直接的计算可以得到 F 关于 $(u,v) \in X$ 的 Fréchet 导数：

$$F_{(u,v)}(\chi,u,v)(\varphi,\psi) = \begin{pmatrix} d_1\Delta\varphi + G_1(\varphi,\psi) \\ d_2\Delta\psi - \chi\nabla(q(v+v^*)\nabla\varphi + q'(v+v^*)\psi\nabla(u+u^*)) + G_2(\varphi,\psi) \end{pmatrix}$$

其中，

$$G_1(\varphi,\psi) = [g'(u+u^*)(f(u+u^*)-v-v^*) + g(u+u^*)f'(u+u^*)]\varphi - g(u+u^*)\psi,$$

$$G_2(\varphi,\psi) = \gamma g'(u+u^*)(v+v^*)\varphi + (\gamma g(u+u^*) - \delta)\psi$$

事实上，$F_{(u,v)}(\chi,u,v)$ 是一个从 X 到 Y 的有界算子，并且关于 χ,u,v 在 W 中是连续可微的。

注意到 $(u^*,v^*) = (\beta, f(\beta))$ 和 $\gamma g(\beta) = \delta$。因此，通过计算可得

$$F_{(u,v)}(\chi,0,0)(\varphi,\psi) = \begin{pmatrix} d_1\Delta\varphi + g(\beta)f'(\beta)\varphi - g(\beta)\psi \\ d_2\Delta\psi - \chi q(f(\beta))\Delta\varphi + \gamma g'(\beta)f(\beta)\varphi \end{pmatrix}$$

接下来，将会找到在 χ 为特定值时的可能的分岔点。为此，将会证明在 χ 取此特定值时，F 不满足隐函数定理。这意味着方程 $F_{(u,v)}(\chi,0,0)(\varphi,\psi) = 0$ 有一个非平凡解，即

$$\begin{cases} d_1\Delta\varphi + g(\beta)f'(\beta)\varphi - g(\beta)\psi = 0, & x \in \Omega \\ d_2\Delta\psi - \chi q(f(\beta))\Delta\varphi + \gamma g'(\beta)f(\beta)\varphi = 0, & x \in \Omega \\ \dfrac{\partial u}{\partial \upsilon} = \dfrac{\partial v}{\partial \upsilon} = 0, & x \in \partial\Omega \end{cases} \quad (6.16)$$

有一个非平凡解。

对于任意的函数对 $(\varphi,\psi) \in Y$，φ, ψ 均可以展成形式：

$$\begin{pmatrix} \varphi(x) \\ \psi(x) \end{pmatrix} = \sum_{k=0}^{\infty} \begin{pmatrix} a_k \\ b_k \end{pmatrix} \phi_k(x) \quad (6.17)$$

注意这里的 $\phi_k(x), k=0,1,2,\cdots$ 均为正交且正则的特征函数。因此，当 (φ,ψ) 非零时，在展开式的这些系数当中至少存在一个非零系数。将展开式（6.17）代入到系统（6.16）中，并在等号两边同时乘以 $\phi_k(x)$，继而在 Ω 进行积分。结合边界条件，可以得到

$$\begin{bmatrix} -d_1\mu_k + g(\beta)f'(\beta) & -g(\beta) \\ \chi q(f(\beta))\mu_k + \gamma g'(\beta)f(\beta) & -d_2\mu_k \end{bmatrix}\begin{pmatrix} a_k \\ b_k \end{pmatrix} = \begin{pmatrix} 0 \\ 0 \end{pmatrix}$$

由定理 6.1.1 可知，$k=0$ 很容易被排除。因此，对于 $k \in \mathbb{N}$，系统（6.16）有非平凡解当且仅当行列式

$$\begin{vmatrix} -d_1\mu_k + g(\beta)f'(\beta) & -g(\beta) \\ \chi q(f(\beta))\mu_k + \gamma g'(\beta)f(\beta) & -d_2\mu_k \end{vmatrix} = 0 \qquad (6.18)$$

这意味着

$$\chi = \chi_0(k) \triangleq -\frac{d_1 d_2 \mu_k^2 - d_2 g(\beta)f'(\beta)\mu_k + \gamma g(\beta)g'(\beta)f(\beta)}{g(\beta)q(f(\beta))\mu_k}$$

在本节的余下的部分，将验证当 $\chi = \chi_0(k)$ 时，引理 6.2.1 的所有条件均成立。很显然，引理 6.2.1 的条件（1）是成立的。为了证明引理 6.2.1 的条件（5），定义 $\boldsymbol{\omega} = (\varphi, \psi)^\mathrm{T}$，这时 $F_{(u,v)}(\chi, u, v)(\varphi, \psi)$ 可重新写成

$$F_{(u,v)}(\chi, u, v)(\varphi, \psi) = F_0(\chi, \boldsymbol{\omega})\Delta\boldsymbol{\omega} + F_1(\chi, \boldsymbol{\omega})\nabla\boldsymbol{\omega} + F_2(\chi, \boldsymbol{\omega})$$

其中，

$$F_0(\chi, \boldsymbol{\omega}) = \begin{bmatrix} d_1 & 0 \\ -\chi q(v+v^*) & d_2 \end{bmatrix},$$

$$F_1(\chi, \boldsymbol{\omega}) = \begin{bmatrix} 0 & 0 \\ -\chi\nabla(q(v+v^*) & -\chi q'(v+v^*)\nabla(u+u^*) \end{bmatrix},$$

$$F_2(\chi, \boldsymbol{\omega}) = \begin{pmatrix} G_1(\varphi, \psi) \\ -\chi\nabla(q'(v+v^*)\nabla(u+u^*)) + G_2(\varphi, \psi) \end{pmatrix}$$

显然，对任意的 $\boldsymbol{\omega} \in X$，均有 $\mathrm{tr}(F_0(\chi, \boldsymbol{\omega})) > 0$ 和 $\det(F_0(\chi, \boldsymbol{\omega})) > 0$ 成立。所以，$F_{(u,v)}(\chi, u, v)$ 为椭圆算子，又由 Shi 和 Wang 在文献[163]中的注 2.5.5 的第二种情况可以知道，其为强椭圆算子且满足角度 $\theta \in \left[-\dfrac{\pi}{2}, \dfrac{\pi}{2}\right]$ 的 Agmon 条件。因此，根据文献[163]中的定理 3.3 和注 3.4 可知，$F_{(u,v)}(\chi, u, v)$ 为指标为零的 Fredholm 算子。从而，引理 6.2.1 的条件（5）成立。

接着我们将会证明引理 6.2.1 的条件（3）也成立。当 $\chi = \chi_0(k)$ 时，在系统（6.16）的第一个方程两边同时乘上 $\dfrac{\chi_0(k)q(f(\beta))}{d_1}$，然后加到第二个方程上去，可以得到

$$\begin{cases} \Delta \boldsymbol{\omega} + A\boldsymbol{\omega} = 0, & x \in \Omega \\ \dfrac{\partial \boldsymbol{\omega}}{\partial \nu} = 0, & x \in \partial\Omega \end{cases} \quad (6.19)$$

其中，

$$A = \begin{bmatrix} \dfrac{g(\beta)f'(\beta)}{d_1} & -\dfrac{g(\beta)}{d_1} \\ \dfrac{\chi_0(k)q(f(\beta))g(\beta)f'(\beta) + d_1\gamma g'(\beta)f(\beta)}{d_1 d_2} & -\dfrac{\chi_0(k)q(f(\beta))g(\beta)}{d_1 d_2} \end{bmatrix}$$

对于矩阵 A 的特征值，应该找到一个实数 λ，使得

$$\begin{vmatrix} \dfrac{g(\beta)f'(\beta)}{d_1} & -\dfrac{g(\beta)}{d_1} \\ \dfrac{\chi_0(k)q(f(\beta))g(\beta)f'(\beta) + d_1\gamma g'(\beta)f(\beta)}{d_1 d_2} & -\dfrac{\chi_0(k)q(f(\beta))g(\beta)}{d_1 d_2} \end{vmatrix} = 0$$

通过简单的计算，得到 $\det(A) = \dfrac{\gamma g(\beta)g'(\beta)f(\beta)}{d_1 d_2} \neq 0$。由方程（6.18）可知矩阵 A 的一个特征值为 $\lambda_1 = \mu_k$。从而，可以得到矩阵 A 的另一个特征值为 $\lambda_2 = \dfrac{\gamma g(\beta)g'(\beta)f(\beta)}{d_1 d_2 \mu_k}$。因此，当 $\mu_k \neq \dfrac{\gamma g(\beta)g'(\beta)f(\beta)}{d_1 d_2 \mu_k}$ 时，矩阵 A 有两个不同的特征值为 λ_1 和 λ_2。继而，通过可逆变换，系统（6.19）可变为

$$\begin{cases} \Delta \boldsymbol{\xi} + B\boldsymbol{\xi} = 0, & x \in \Omega \\ \dfrac{\partial \boldsymbol{\xi}}{\partial \nu} = 0, & x \in \partial\Omega \end{cases}$$

其中，

$$\boldsymbol{\xi} = (\xi_1, \xi_2) \text{ 且 } \boldsymbol{B} = \begin{bmatrix} \lambda_1 & 0 \\ 0 & \lambda_2 \end{bmatrix}$$

故此，如果 λ_2 不是 $-\Delta$ 在齐次 Neumann 边界条件下的一个特征值，也就是说对任意的正整数 j 均有 $d_1 d_2 \mu_j \mu_k \neq \gamma g(\beta) g'(\beta) f(\beta)$，可以得到 $\xi_1 = c\phi_k(x)$ 以及 $\xi_2 = 0$，其中 c 是一个常数。注意变换是可逆的，从而可以得到 $\varphi = c_1 \phi_k(x)$ 以及 $\psi = c_2 \phi_k(x)$，其中 c_1 和 c_2 均是常数。因此，$\dim \ker(F_{(u,v)}(\chi_0(k),0,0)) = 1$。事实上，还可以得到

$$\ker(F_y(\chi_0(k),0,0)) = \operatorname{span}\left\{\left(1, \frac{g(\beta)f'(\beta) - d_1\mu_k}{g(\beta)}\right)\phi_k(x)\right\}$$

另外，已经证明了 $F_{(u,v)}(\chi,u,v)$ 为指标为零的 Fredholm 算子，由此可以得到 $\operatorname{codim} R(F_{(u,v)}(\chi_0(k),0,0)) = 1$。从而，引理 6.2.1 的条件（3）成立。

最后，来证明引理 6.2.1 的条件（2）和（4）成立。令

$$\omega_0 = \left(1, \frac{g(\beta)f'(\beta) - d_1\mu_k}{g(\beta)}\right)\phi_k(x)$$

由 F 关于 $(u,v) \in X$ 的 Fréchet 导数表达式可知

$$F_{\chi(u,v)}(\chi,u,v)(\varphi,\psi) = \begin{pmatrix} 0 \\ -\nabla(q(v+v^*)\nabla\varphi + q'(v+v^*)\psi\nabla(u+u^*)) \end{pmatrix} \quad (6.20)$$

显然，其是连续的。因此，引理 6.2.1 的条件（2）成立。另外，由式（6.20）还可以得到

$$F_{\chi(u,v)}(\chi_0(k),0,0)(\varphi,\psi) = \begin{pmatrix} 0 \\ -q(f(\beta))\Delta\varphi \end{pmatrix}$$

从而，

$$F_{\chi(u,v)}(\chi_0(k),0,0)\omega_0 = \begin{pmatrix} 0 \\ q(f(\beta))\mu_k \end{pmatrix}\phi_k(x)$$

假设

$$F_{\chi(u,v)}(\chi_0(k),0,0)\omega_0 \in R(F_{(u,v)}(\chi_0(k),0,0))$$

这意味着存在一个非平凡解 (φ,ψ) 使得
$$F_{(u,v)}(\chi_0(k),0,0)(\varphi,\psi) = F_{\chi(u,v)}(\chi_0(k),0,0)\omega_0$$
即
$$\begin{cases} d_1\Delta\varphi + g(\beta)f'(\beta)\varphi - g(\beta)\psi = 0, & x\in\Omega \\ d_2\Delta\psi - \chi_0(k)q(f(\beta))\Delta\varphi + \gamma g'(\beta)f(\beta)\varphi = q(f(\beta))\mu_k\phi_k, & x\in\Omega \\ \dfrac{\partial\varphi}{\partial v} = \dfrac{\partial\psi}{\partial v} = 0, & x\in\partial\Omega \end{cases} \quad (6.21)$$

注意 $\int_\Omega \phi_k^2(x)\mathrm{d}x = 1$。在式（6.21）的前两个方程两边同时乘以 $\phi_k(x)$ 并在区域 Ω 上利用分部积分法进行积分，得到

$$\begin{bmatrix} -d_1\mu_k + g(\beta)f'(\beta) & -g(\beta) \\ \chi q(f(\beta))\mu_k + \gamma g'(\beta)f(\beta) & -d_2\mu_k \end{bmatrix} \begin{pmatrix} \int_\Omega \varphi\phi_k\mathrm{d}x \\ \int_\Omega \psi\phi_k\mathrm{d}x \end{pmatrix} = \begin{pmatrix} 0 \\ q(f(\beta))\mu_k \end{pmatrix} \quad (6.22)$$

由式（6.18）可知，式（6.22）左边的系数矩阵的行列式为零，因此式（6.22）是不可能成立的。这与假设矛盾，从而得到
$$F_{\chi(u,v)}(\chi_0(k),0,0)\omega_0 \notin R(F_{(u,v)}(\chi_0(k),0,0))$$

故此，引理 6.2.1 的条件（4）成立。

因此，引理 6.2.1 的所有条件均满足。从而 C 一定满足下面条件中的其中之一：

（1）C 在 $\mathbb{R}\times X$ 上无界；

（2）C 包含一个点 $(\chi, u-u^*, v-v^*) \in \partial W$；

（3）C 包含一个点 (χ^*, u^*, v^*)，其中 $\chi^* \neq \chi_0(k)$。

从以上的分析中可以看到系统（6.2）从 (χ, u^*, v^*) 分岔出正解当且仅当 $\chi = \chi_0(k)$。所以（3）被排除了。另外在 Fréchet 导数 $F_{(u,v)}$ 的表达式中分别令 $(u^*, v^*) = (0,0)$ 和 $(u^*, v^*) = (K,0)$，得到

$$F_{(u,v)}(\chi,0,0)(\varphi,\psi) = \begin{pmatrix} d_1\Delta\varphi + g'(\beta)f(0)\varphi \\ d_2\Delta\psi - \delta\psi \end{pmatrix}$$

以及

$$F_{(u,v)}(\chi,0,0)(\varphi,\psi) = \begin{pmatrix} d_1\Delta\varphi + g(K)f'(K)\varphi - g(K)\psi \\ d_2\Delta\psi + (\gamma g(K) - \delta)\psi \end{pmatrix}$$

注意 $g'(0) > 0$，$f'(K) < 0$ 以及 $\gamma g(K) - \delta > 0$。可以很容易证明：如果 $\mu_k \neq \frac{g'(0)f(0)}{d_1}$，$\frac{\gamma g(K) - \delta}{d_2}$，那么边界平衡点均是非退化的。因此，（2）不成立。

由定理 6.2.1，可以知道系统（6.2）的任意正解在 $L^\infty(\Omega) \times L^\infty(\Omega)$ 范数下均是有界的。那么通过文献[162]中的 Schauder 估计，可以得到对于某个 $\rho \in (0,1)$ 有 $(u,v) \in C^{2+\rho}(\Omega) \times C^{2+\rho}(\Omega)$。再由 Sobolev 嵌入定理可知系统（6.2）的任何正解在 X 的范数中都是有界的。从而，C 在 χ 方向可以扩展到无穷大。因此，命题得证。

6.3 分岔分支的线性稳定性

将会在这一节中考虑系统（6.2）的由齐次稳态解 (u^*,v^*) 分岔而来的空间非齐次稳态解 $(u_k(x,\tau),v_k(x,\tau))$ 的线性稳定性。注意系统（6.2）与系统（6.15）的分岔分支解的稳定性是一致的。并且，当 $F_{(u,v)}(\chi(\tau),u_k(\tau),v_k(\tau))$ 所有特征值的实部均为负时，系统（6.15）的分岔分支解是稳定的，其中对于每一个正整数 k 均有

$$(u_k(\tau),v_k(\tau)) = (u_k(x,\tau),v_k(x,\tau)) - (u^*,v^*)$$

因此，对于每一个正整数 k，将会探究 $F_{(u,v)}(\chi(\tau),u_k(\tau),v_k(\tau))$ 的所有特征值。为此，我们将主要使用文献[165,166]中关于简单特征值摄动的理论，线性化稳定性的结果以及谱理论。首先，我们将给出算子 $F_{(u,v)}(\chi(\tau),u_k(\tau),v_k(\tau))$ 和 $F_{(u,v)}(\chi_0(k),0,0)$ 的特征值之间的关系。

定义 6.3.1[165] 令 T,K 均为空间 X 到空间 Y 的有界线性映射。如果如下

条件 $\dim\ker(T-\mu K)=\mathrm{codim}R(T-\mu K)=1$,$\ker(T-\mu K)=\mathrm{span}\{x_0\}$ 以及 $Kx_0\notin R(T-\mu K)$ 均满足,那么就称 $\mu\in\mathbb{R}$ 是映射 T 的一个 K-简单特征值。

根据定理 6.2.1 的证明可知,0 是 $F_{(u,v)}(\chi_0(k),0,0)$ 的一个 $F_{\chi(u,v)}(\chi_0(k),0,0)$-简单特征值。同理,很容易看出 0 也是 $F_{(u,v)}(\chi_0(k),0,0)$ 的一个 E-简单特征值,其中 E 是一个单位矩阵。因此,根据文献[165],有以下引理。

引理 6.3.1 假设 $\alpha<\beta<K$。对于任意一个固定的正整数 k,均存在开区间 I_0 和 J_0,其中 $\chi_0(k)\in I_0$,$0\in J_0$,以及连续可微的函数 $\lambda:I_0\to\mathbb{R}$,$\sigma:J_0\to\mathbb{R}$,$u:I_0\to X$,$\omega:J_0\to X$ 使得对于 $\chi\in I_0$ 有 $F_{(u,v)}(\chi,0,0)u(\chi)=\lambda(\chi)u(\chi)$,对于 $\tau\in J_0$ 有 $F_{(u,v)}(\chi(\tau),u_k(\tau),v_k(\tau))\omega(\tau)=\sigma(\tau)\omega(\tau)$,以及

$$\lambda(\chi_0(k))=\sigma(0)=0, u(\chi_0(k))=\omega(0)=\omega_0, u(\chi)-\omega_0\in Z, \omega(\tau)-\omega_0\in Z$$

其中 $\omega_0=\left(1,\dfrac{g(\beta)f'(\beta)-d_1\mu_k}{g(\beta)}\right)\phi_k(x)$。

引理 6.3.2 假设 $\alpha<\beta<K$。对于任意一个固定的正整数 k 以及 λ,σ 为引理 6.3.1 中定义的函数,那么 $\lambda'(\chi_0(k))<0$,并且在 $\tau=0$ 的附近时函数 $\sigma(\tau)$ 和 $-\tau\chi'(\tau)\lambda'(\chi_0(k))$ 具有相同的零点,同时当 $\sigma(\tau)\neq 0$ 时它们具有相同的正负性。更准确地来说

$$\lim_{\tau\to 0,\sigma(\tau)\neq 0}\frac{-\tau\chi'(\tau)\lambda'(\chi_0(k))}{\sigma(\tau)}=1$$

从引理 6.3.2 可以看出,当 $\tau\neq 0$ 且 $|\tau|$ 充分小时 $\sigma(\tau)$ 不为 0,且当 $\chi'(0)\lambda'(\chi_0(k))\neq 0$ 时,$\sigma(\tau)$ 将会在 $\tau=0$ 处改变正负性。这就意味着如果 $\chi'(0)\lambda'(\chi_0(k))\neq 0$,当 τ 在零点的一侧且 $|\tau|$ 充分小时,将有 $\sigma(\tau)<0$ 成立。

事实上,由 $F_{(u,v)}(\chi,0,0)$ 的表达式、引理 6.3.1 以及 $u(\chi_0(k))=\omega_0\neq 0$ 可知

$$\lambda^2(\chi)+[(d_1+d_2)\mu_k-g(\beta)f'(\beta)]\lambda(\chi)+D_k(\chi)=0$$

其中,

$$D_k(\chi)=d_1d_2\mu_k^2+[\chi q(f(\beta))-d_2f'(\beta)]g(\beta)\mu_k+\gamma g(\beta)g'(\beta)f(\beta)$$

因此,结合 $\lambda(\chi_0(k))=0$ 和当 $\alpha<\beta<K$ 时 $f''(\beta)<0$,可以得到

$$\lambda'(\chi_0(k)) = -\frac{q(f(\beta))g(\beta)\mu_k}{(d_1+d_2)\mu_k - g(\beta)f'(\beta)} < 0$$

故而，关于 $\chi'(0)$，有如下结果。

定理 6.3.1 假设 $\alpha < \beta < K$。对于任意一个固定的正整数 k，如果 $\chi^*(k) \neq 0$ 且 $\int_\Omega \phi_k^3(x)\mathrm{d}x \neq 0$，那么 $\chi'(0) \neq 0$，其中

$$\chi^*(k) = d_2\mu_k\left[g(\beta)f''(\beta) + 2d_1\mu_k\frac{g'(\beta)}{g(\beta)}\right] - \gamma g(\beta)f(\beta)g''(\beta) -$$
$$[2\gamma g'(\beta) + \chi_0(k)q'(f(\beta))\mu_k][g(\beta)f'(\beta) - d_1\mu_k]$$

证明： 将分岔分支 $(\chi, u, v) = (\chi(\tau), u_k(x,\tau), v_k(x,\tau))$ 代入到方程（6.2），可以得到

$$\begin{cases} d_1\Delta u_k(x,\tau) + g(u_k(x,\tau))(f(u_k(x,\tau)) - v_k(x,\tau)) = 0 \\ d_2\Delta v_k(x,\tau) - \chi(\tau)\nabla(q(v_k(x,\tau))\nabla u_k(x,\tau)) + v_k(x,\tau)(\gamma g(u_k(x,\tau)) - \delta) = 0 \end{cases} \quad (6.23)$$

由定理 6.2.2 中 $(\chi(\tau), u_k(x,\tau), v_k(x,\tau))$ 的表达式并通过简单的计算，可以得到 $(\chi(0), u_k(x,0), v_k(x,0)) = (\chi_0(k), u^*, v^*)$ 以及 $(u'_k(x,0), v'_k(x,0)) = \left(1, \frac{g(\beta)f'(\beta) - d_1\mu_k}{g(\beta)}\right)\phi_k(x)$。接下来，在式（6.23）两边同时对 τ 求导两次，并令 $\tau = 0$，可以得到

$$\begin{cases} d_1\Delta u''_k(x,0) + 2d_1\mu_k\frac{g'(u^*)}{g(u^*)}\phi_k^2(x) + \\ g(u^*)[f''(u^*)\phi_k^2(x) + f'(u^*)u''_k(x,0) - v''_k(x,0)] = 0, \\ d_2\Delta v''_k(x,0) - 2\chi'(0)q(v^*)\Delta\phi_k(x) - \\ 2\chi_0(k)q'(v^*)\frac{g(u^*)f'(u^*) - d_1\mu_k}{g(u^*)}\nabla(\phi_k(x)\nabla\phi_k(x)) - \\ \chi_0(k)q(v^*)\Delta u''_k(x,0) + \gamma\left[f(u^*)g''(u^*) + 2g'(u^*)\frac{g(u^*)f'(u^*) - d_1\mu_k}{g(u^*)}\right]\phi_k^2(x) + \\ \gamma f(u^*)g'(u^*)u''_k(x,0) = 0 \end{cases} \quad (6.24)$$

需要注意的是，$\phi_k(x)$ 为拉普拉斯算子的特征值 μ_k 所对应的正则特征函数，即 $\int_\Omega \phi_k^2(x)\mathrm{d}x = 1$。因此，在式（6.24）两边同时乘以 $\phi_k(x)$ 并在 Ω 上进行

积分，再结合边界条件可以得到

$$\begin{bmatrix} -d_1\mu_k + g(\beta)f'(\beta) & -g(\beta) \\ \chi_0(k)q(f(\beta))\mu_k + \gamma g'(\beta)f(\beta) & -d_2\mu_k \end{bmatrix} \begin{pmatrix} \int_\Omega \phi_k u_k''(x,0)\mathrm{d}x \\ \int_\Omega \phi_k v_k''(x,0)\mathrm{d}x \end{pmatrix} +$$

$$\begin{pmatrix} \left[g(\beta)f''(\beta) + 2d_1\mu_k \dfrac{g'(\beta)}{g(\beta)}\right]\int_\Omega \phi_k^3 \mathrm{d}x \\ 2\chi'(0)q(f(\beta))\mu_k + \chi_0(k)q'(f(\beta))\mu_k \dfrac{g(\beta)f'(\beta) - d_1\mu_k}{g(\beta)} \int_\Omega \phi_k^3 \mathrm{d}x + \\ \gamma\left[f(\beta)g''(\beta) + 2g'(\beta)\dfrac{g(\beta)f'(\beta) - d_1\mu_k}{g(\beta)}\right]\int_\Omega \phi_k^3 \mathrm{d}x \end{pmatrix} = \begin{pmatrix} 0 \\ 0 \end{pmatrix} \quad (6.25)$$

接着在式（6.25）两边同时左乘向量 $(-d_2\mu_k, g(\beta))$。根据 $\chi_0(k)$ 的表达式，可以得到

$$\chi'(0) = \frac{\chi^*(k)}{2g(\beta)q(f(\beta))\mu_k \int_\Omega \phi_k^3(x)\mathrm{d}x}$$

从而可以看出，当 $\chi^*(k) \neq 0$ 且 $\int_\Omega \phi_k^3(x)\mathrm{d}x \neq 0$ 时，则 $\chi'(0) \neq 0$。命题得证。

为了得到系统（6.2）的分岔分支的稳定性条件，还需要证明 $\sigma(0) = 0$ 是 $F_{(u,v)}(\chi(\tau), u_k(\tau), v_k(\tau))$ 在 $(\chi_0(k), 0, 0)$ 处的最大特征值。

定理 6.3.2 假设 $\alpha < \beta < K$。对于任意一个固定的正整数 k，如果不存在 μ_j 属于以 μ_k 和 μ_k^* 为两端点的闭区间，其中 $j \in \mathbb{N}\setminus\{k\}$，那么 $F_{(u,v)}(\chi(\tau), u_k(\tau), v_k(\tau))$ 在 $(\chi_0(k), 0, 0)$ 处的最大特征值为 $\sigma(0) = 0$。

证明： 对于任意一个固定的正整数 k，对应的特征值问题

$$F_{(u,v)}(\chi_0(k), 0, 0)(\varphi, \psi) = \sigma(\varphi, \psi)$$

可以写为

$$\begin{cases} d_1\Delta\varphi + g(\beta)f'(\beta)\varphi - g(\beta)\psi = \sigma\varphi, & x \in \Omega \\ d_2\Delta\psi - \chi_0(k)q(f(\beta))\Delta\varphi + \gamma g'(\beta)f(\beta)\varphi = \sigma\psi, & x \in \Omega \quad (6.26) \\ \dfrac{\partial\varphi}{\partial\nu} = \dfrac{\partial\psi}{\partial\nu} = 0, & x \in \partial\Omega \end{cases}$$

在系统（6.26）的前两个方程两边同时乘以 $\phi_k(x)$ 并在 Ω 上利用分部积分法进行积分，可以得到

$$\begin{bmatrix} -d_1\mu + g(\beta)f'(\beta) & -g(\beta) \\ \chi_0(k)q(f(\beta))\mu + \gamma g'(\beta)f(\beta) & -d_2\mu \end{bmatrix} \begin{pmatrix} \int_\Omega \varphi\phi_k \mathrm{d}x \\ \int_\Omega \psi\phi_k \mathrm{d}x \end{pmatrix} = \sigma \begin{pmatrix} \int_\Omega \varphi\phi_k \mathrm{d}x \\ \int_\Omega \psi\phi_k \mathrm{d}x \end{pmatrix}$$

其中，μ 为拉普拉斯算子 $-\Delta$ 在齐次 Neumann 边界条件下所对应的特征值。

通过直接的计算之后可知，上述特征值问题所对应的特征值均是以下方程的根：

$$\sigma^2 + [(d_1 + d_2)\mu - g(\beta)f'(\beta)]\sigma + D(\mu) = 0$$

其中，

$$D(\mu) = d_1 d_2 \mu^2 + [\chi_0(k)q(f(\beta)) - d_2 f'(\beta)]g(\beta)\mu + \gamma g(\beta)g'(\beta)f(\beta)$$

由式（6.18）易知，当 $\mu = \mu_k$ 时，有 $D(\mu_k) = 0$ 成立。因此，$\sigma = 0$ 是特征值问题（6.26）在分岔点 $(\chi_0(k), 0, 0)$ 处的一个特征值。继而，当 $\mu = \mu_k$ 时，特征值问题（6.26）的另一个特征值为 $\sigma = g(\beta)f'(\beta) - (d_1 + d_2)\mu < 0$。为了找到合适的条件以保证对于其他的 $\mu = \mu_j$ 时 $\sigma < 0$，其中 $j \in \mathbb{N} \backslash \{k\}$，将 $D(\mu)$ 分解成

$$D(\mu) = d_1 d_2 (\mu - \mu_k)\left[\mu - \left(\frac{(d_2 f'(\beta) - \chi_0(k)q(f(\beta)))g(\beta)}{d_1 d_2} - \mu_k\right)\right]$$

从而，$D(\mu) = 0$ 的另一个根为

$$\begin{aligned}\mu_k^* &= (d_2 f'(\beta) - \chi_0(k)q(f(\beta)))\frac{g(\beta)}{d_1 d_2} - \mu_k \\ &= \frac{\gamma g(\beta)g'(\beta)f(\beta)}{d_1 d_2 \mu_k} < 0\end{aligned}$$

所以，当对所有的 μ_j 均不属于以 μ_k 和 μ_k^* 为两端点的闭区间上时，$D(\mu) > 0$，其中 $j \in \mathbb{N} \backslash \{k\}$。继而，$F_{(u,v)}(\chi_0(k), 0, 0)$ 由 $\mu = \mu_j$ 除了 $\mu = \mu_k, \mu_k^*$ 之外所引起的所有特征值 σ 均为负数。因此，$\sigma = 0$ 为 $F_{(u,v)}(\chi_0(k), 0, 0)$ 的最大特征值。命题得证。

由引理 6.3.1、引理 6.3.1、定理 6.3.1 和定理 6.3.2，可以得到如下结果。

定理 6.3.3 假设定理 6.3.2 中的条件均满足。当 τ 在零点的一侧且 $|\tau|$ 充分小时，系统（6.2）的由正平衡点 $(\chi_0(k), u^*, v^*)$ 分岔而来的空间非齐次解 $(\chi(\tau), u_k(x,\tau), v_k(x,\tau))$ 均是局部线性稳定的。

6.4 本章小结

本章研究了在齐次 Neumann 边界条件下，具有被捕食者趋向性的一般反应扩散捕食者-被捕食者系统的动力学性态。选择被捕食者趋向性系数作为分岔参数，利用抽象分岔定理研究了系统（6.2）的稳态分岔。并且，使用谱理论来研究分岔分支的局部稳定性，并在适当的条件下找到分岔点附近的稳定分岔解。

显然，本书的方法和结果更为通用。因此，反应扩散捕食者-被捕食者模型，或其他反应-扩散系统中的稳态分岔和模式，形成可以被视为本书结论的简单应用。希望为研究捕食对动力系统分岔分析和模式形成的影响提供一些参考。

7

总结与展望

本书着重研究了两类带有非线性收割项的 Leslie-Gower 捕食者与被捕食者模型，和一类带有一般性的 Brusselator 反应-扩散模型的分岔现象。具体结构和主要内容安排如下：

第 3 章深入考察了一类带有 Michaelis-Menten 型被捕食者收割项的 Leslie-Gower 捕食者与被捕食者模型的高余维分岔现象。需要说明的是，该模型为非线性系统，而分岔现象不仅是非线性问题中所特有的，也是造成系统出现结构不稳定的重要因素之一。事实上，自然界中很多生态系统的动力学性态常常会出于某种原因而发生剧烈的变化，为了解释和预测这种剧烈变化对生态系统带来的影响，这就需要对生态系统里的分岔现象进行深入的了解。为此将利用动力学方面的知识，尤其是分岔理论中的中心流形定理，对系统中可能出现的一些分岔现象进行了讨论。因此，在文献[45]的基础上进一步得到系统的唯一内部平衡点可以是一个余维一的鞍-结点、余维二和余维三的 Bogdanov-Takens 型尖点。并利用解析的方法得到了系统在该平衡点附近系统出现余维二和余维三的 Bogdanov-Takens 分岔的普适开折。从而证明了系统发生了余维二和余维三的 Bogdanov-Takens 分岔。并对由分岔所产生的一些复杂动力学现象进行了适当的数值模拟，也给出了其生物学解释。本书结果可以看成是对现有工作的一个补充和完善。

为了探究当在同一生物系统中对不同种群利用相同的收割方式进行收割时，系统的动力学性态所发生的变化，因此在第 4 章中研究了一类对捕食者进行 Michaelis-Menten 型收割的 Leslie-Gower 捕食者与被捕食者模型。结果表明此时的系统具有更加丰富的动力学性态。得到当 $h \leqslant h_1$ 时，系统的最大收割率 h_{MSY} 的大小，依赖于由被捕食者提供给捕食者用来提高捕食者出生率的食物的质量 $1/\alpha$。当 $c<1/\alpha$，即被捕食者提供的食物有利于捕食者出生时，$h_{MSY} = h_1$，而当 $c>1/\alpha$，即被捕食者提供的食物不利于捕食者出生时，$h_{MSY} = c < h_1$。而且通过微分方程的定性理论分析了系统中各个平衡点（包括原点）的定性性质，这些平衡点可能是鞍点、结点、焦点、中心、余维一的鞍-结点、余维二的稳定结点、余维二和余维三的 Bogdanov-Takens 型尖点等。并利用分岔理论和扰动理论讨论了系统可能出现的分岔现象，比如鞍-结分

岔、跨临界分岔、音叉分岔、超临界和亚临界的 Hopf 分岔、同宿轨分岔和余维二的 Bogdanov-Takens 分岔等，并通过数值模拟验证了书中结论的正确性。

自从 Turing 在 1952 年发表了他的开创性文章，并提出了著名的 Turing 不稳定性或耗散导致的不稳定性理论之后，关于带有耗散项的反应-扩散系统的时空动力学性态，尤其是 Turing 不稳定性，便得到了众多学者的关注和研究。而人们对反应-扩散系统的讨论多是局限于非常数正稳态解的存在性、Turing 模式的存在性、余维一的 Hopf 分岔或余维一的稳态分岔等问题，对于反应-扩散系统是否会发生更高余维的分岔，如余维二的 Turing-Hopf 分岔，却鲜有文章进行讨论。余维二的 Turing-Hopf 分岔现象有着十分丰富且复杂的动力学行为，比如混合时空周期模式的出现、显示空间和时间模式之间双稳定的区域结构以及时空混沌现象等。因此，在第 5 章重点研究了一类具有一般性的 Brusselator 反应-扩散模型。利用特征值理论给出了系统在唯一内部平衡点附近出现 Turing 不稳定性的临界条件，以及该平衡点为余维二的 Turing-Hopf 分岔点的横截性条件。通过分析和计算中心流形上的规范型，用解析的方法证明了系统在适当的参数条件下将会出现余维二的 Turing-Hopf 分岔现象。最后通过一个具体的例子，对复杂的动力学现象进行了适当的数值模拟，验证了结论的有效性。

带有被捕食者趋向性的系统可能会产生更丰富的动力学性态，并出现与不含被捕食者趋向性时不同的空间模式。因此第 6 章研究了具有被捕食者趋向性的一般反应-扩散捕食者与被捕食者系统在齐次 Neumann 边界条件下的稳态解的分岔。通过分析特征方程研究了唯一正平衡点的局部稳定性，并使用迭代方法给出了任一正解的先验估计。然后，选择被捕食者趋向性系数作为分岔参数，证明了当趋向性为排斥性时，可以从唯一正平衡点分岔出一支非常数解。此外，通过谱理论给出了分岔解的稳定性条件。结果表明，被捕食者趋向性可以使一致平衡点失稳进而导致空间模式的出现。

本书主要应用动力系统的相关知识讨论了几类生物数学模型的高余维分岔问题。

为了探究收割对捕食者与被捕食者系统带来的影响，第 3 章深入考察了一类带有 Michaelis-Menten 型被捕食者收割项的 Leslie-Gower 捕食者与被捕食者模型的高余维分岔现象。事实上，Gupta 等人在文献[45]中对该系统的动力学性态已经进行了一定的分析，在他们的基础上进一步分析了系统发生高余维分岔的情况。首先利用微分方程的定性理论，讨论了其唯一内部平衡点的动力学性态，并分别给出了该平衡点成为一个余维一的鞍-结点、余维二的 Bogdanov-Takens 型尖点和余维三的 Bogdanov-Takens 型尖点的参数条件。接着通过分岔理论，对该系统在其唯一内部平衡点附近的分岔现象进行了分析，并利用扰动理论证明了在适当的参数条件下，系统在该平衡点附近发生了余维二的 Bogdanov-Takens 分岔以及余维三的 Bogdanov-Takens 分岔。并根据系统出现各种分岔的分岔曲线，对分岔参数的取值范围在全空间中进行了详细的划分，即分别给出了系统出现余维二和余维三的 Bogdanov-Takens 分岔的分岔图表，并对由分岔所产生的一些复杂的动力学现象进行了数值模拟，如双极限环的存在性以及同宿轨道的存在性等。而且对这些复杂的动力学现象给出了其生物学解释。研究结果可以看作对现有工作的一个补充和完善。

  为了研究在同一系统中用相同的收割方式对不同种群进行收割，系统的动力学性态将会发生怎样的变化？为此，第 4 章着重研究了一类对捕食者进行 Michaelis-Menten 型收割的 Leslie-Gower 捕食者与被捕食者模型。首先，利用代数知识对该系统中各个平衡点的存在情况进行了完整的研究，随着参数的变化系统可能会出现 1~4 个平衡点，并给出了系统中存在的最大收割值，即若人们对捕食者的收割量超过该值的话，捕食者就会灭绝。其次，通过微分方程的定性理论，即通过求解在各个平衡点附近所对应的雅克比矩阵的特征值，或利用中心流形定理求解非双曲平衡点附近的高阶规范型，对各个平衡点的动力学类型进行了分类，而对于原点的类型，则是借助了一些坐标变换将原点转化成所得系统的边界平衡点来进行讨论。这些平衡点可能是双曲的拓扑鞍点、双曲的焦点、非双曲的中心、非双曲的余维一的鞍-结点、非双曲的余维二的稳定结点、非双曲的余维二的 Bogdanov-Takens 型尖点和非双曲的余维三的 Bogdanov-Takens 型尖点等。最后，利用分岔理论对该系统中存在着的分岔现象进行了讨论，在适当的参数条件下系统的内部平衡点附近会出现鞍-结分岔、跨临界分岔、音叉分岔、超临界的和亚临界的 Hopf 分岔、同宿轨分岔和余维二的 Bogdanov-Takens 分岔等现象，并通过数值模拟验证了书中结论的正确性。从生物学角度来看，这些分岔都是具有十分重要意义的，因为分岔现象的出现意味着系统的动态性可能要发生剧烈的变化，也就是说对生物种群的过度收割可能会导致相应物种的灭绝和生态系统的崩溃，因此这也说明人类不能对野生资源进行过度的开采和利用，要合理开发生态资源，维护生态系统的平衡。

为了进一步考察空间变量对生态系统的影响，第 5 章重点研究了一类具有一般性的 Brusselator 反应-扩散模型。首先，通过求解系统在唯一内部平衡点处所对应的雅克比矩阵，利用特征值理论考察了唯一内部平衡点的稳定性性质，给出了系统在唯一内部平衡点附近出现 Turing 不稳定性的临界条件，以及该唯一的内部平衡点为余维二的 Turing-Hopf 分岔点的横截性条件。其次，通过分析和计算中心流形上的规范型，并利用中心流形定理和规范型理论，证明了系统在适当的参数条件下将会出现余维二的 Turing-Hopf 分岔现象。最后，通过一个具体的例子，对伴随着 Turing-Hopf 分岔所出现的 6 种复杂的动力学现象进行了数值模拟，从而验证了结论的有效性。

第 6 章研究了具有被捕食者趋向性的一般反应-扩散捕食者与被捕食者系统在齐次 Neumann 边界条件下的稳态解的分岔。首先，通过分析特征方程研究了唯一正平衡点的局部稳定性，并使用迭代方法给出了任一正解的先验估计。然后，选择被捕食者趋向性系数作为分岔参数，证明了当趋向性为排斥性时，可以从唯一正平衡点分岔出一支非常数解。此外，通过谱理论给出了分岔解的稳定性条件。结果表明，被捕食者趋向性可以使一致平衡点失稳进而导致空间模式的出现。

针对捕食者与被捕食者模型，今后想进一步考虑带有季节收割项或者年龄结构的系统发生的高余维分岔现象，或者研究像第 5 章中那样加入耗散项的反应-耗散系统的高余维分岔现象。特别需要指出的是，在第 4 章中系统还有可能发生余维四甚至更高余维的分岔现象。这些都将是以后工作的重点，希望通过寻找新的工具对以上所提出的不足及新的问题有所改进或突破。

参考文献

[1] ANDRONOV A A, LEONTOVICH E A, GORDON I I, et al. Qualitative theory of second-order dynamical systems[M]. New York: John Wiley and Sons, 1973.

[2] ANDRONOV A A, LEONTOVICH E A, GORDON I I, et al. Theory of bifurcations of dynamical systems on a plane[M]. Jerusalem: Israel Program for Scientific Translations, 1973.

[3] AZIZ-ALAOUI M A. Study of a Leslie-Gower-type tritrophic population model[J]. Chaos. Sol. & Frac., 2002, 14: 1275-1293.

[4] AZIZ-ALAOUI M A, DAHER OKIYE M. Boundedness and global stability for a predator-prey model with modified Leslie-Gower and Holling-typeII schemes[J]. Applied Mathematics Letters, 2003, 16: 1069-1075.

[5] ASHWIN P, MEI Z. Normal form for Hopf bifurcation of partial differential equations on the square[J]. Nonlinearity, 1995, 8: 715-734.

[6] ARDITI R, GINZBURG L R, AKCAKAYA H R. Variation in plankton densities among lakes: a case for ratio-dependent predation models[J]. The American Naturalist, 1991, 138: 1287-1296.

[7] AHMAD S. On the nonautonomous Lotka-Volterra competition equations[J]. Proceedings of the American Mathematical Society, 1993, 117: 199-204.

[8] AHMAD S, DE OCA F M. Extinction in nonautonomous T-periodic competition Lotka-Volterra systems[J]. Applied Mathematics Computation, 1998, 90: 155-166.

[9] AHMAD S, LAZER A C. Necessary and sufficient average growth in a Lotka-Volterra system[J]. Nonlinear Analysis Theory Methods & Applications, 1998, 34: 191-228.

[10] BRAUER F, SOUDACK A C. Stability regions in predator-prey systems with constant-rate prey harvesting[J]. J. Math. Biol., 1979, 8: 55-71.

[11] BROWN K J, DAVIDSON F A. Global bifurcation in the Brusselator system[J]. Nonlinear Analysis: Theory, Methods & Applications, 1995, 24:

1713-1725.

[12] BAURMANN M, GROSS T, FEUDEL U. Instabilities in spatially extended predator-prey systems: spatio-temporal patterns in the neighborhood of Turing-Hopf bifurcations[J]. J. Theor. Biol., 2007, 245: 220-229.

[13] BOGDANOVR I. Versal deformations of a singular point of a vector field on the plane in the case of zero eignvalues[J]. Sel. Math. Sov., 1981, 1: 389-421.

[14] BOGDANOV R I. Bifurcations of the limit cycle of a family of plane vector fields[J]. Sel. Math. Sov., 1981, 1: 373-387.

[15] BARE S M, KOOI B W, KUZNETSOV YU A, et al. Multiparametric bifurcation analysis of a basic two-stage population model[J]. SIAM J. Appl. Math., 2006, 66: 1339-1365.

[16] CLARK C W. Mathematical models in the economics of renewable resources[J]. SIAM Rev., 1979, 21: 81-99.

[17] CLARK C W. Aggregation and fishery dynamics: a theoretical study of schooling and the purse seine tuna fisheries[J]. Fish. Bull., 1979, 77: 317-337.

[18] CLARK C W. Bioeconomic modelling and fisheries management[M]. New York: Wiley, 1985.

[19] CLARK C W. Mathmatics bioeconomics, the optimal management of renewable resources[M]. 2nd ed. New York: John Wiley and Sons, 1990.

[20] CHEN F D. On a nonlinear non-autonomous predator-prey model with diffusion and distributed delay[J]. J. Comput. Appl. Math., 2005, 180: 33-49.

[21] CARR J. Applications of center manifold theory[M]. New York: Springer-Verlag, 1981.

[22] CHEN L J, CHEN F D. Global stability of a Leslie-Gower predator-prey model with feedback controls[J]. Applied Mathematics Letters, 2009, 22: 1330-1334.

[23] CRANDALL M G, RABINOWITZ P H. Bifurcation from simple eigenvalues[J]. J. Funct. Anal., 1971, 8: 321-340.

[24] COURANT R, HILBERT D. Methods of mathematical physics[M]. Cambridge: Cambridge University Press, 1953.

[25] CASTEN R G, HOLLAND C J. Stability properties of solutions to systems of reaction-diffusion equations[J]. SIAM J. Appl. Math., 1977, 33: 353-364.

[26] CANTRELL R S, COSNER C. On the dynamics of predator-prey models with the Beddington-DeAngelis functional response[J]. Journal of Mathematical Analysis and Applications, 2001, 257: 206-222.

[27] CHOW S N, HALE J K. Methods of bifurcation theory[M]. New York: Springer-Verlag, 1982.

[28] CHOW S N, LI C Z, WANG D. Normal forms and bifurcation of planar vector fields[M]. Cambridge: Cambridge University Press, 1994.

[29] CHEN S S, SHI J P, WEI J J. Global stability and Hopf bifurcation in a delayed diffusive Leslie-Gower predator-prey system[J]. International Journal of Bifurcation and Chaos, 2012, 22: 1-11.

[30] 陈予恕. 非线性振动系统的分岔和混沌理论[M]. 北京: 高等教育出版社, 1993.

[31] DUMORTIER F, ROUSSARIE R, SOTOMAYOR J. Generic 3-parameter families of vector fields on the plane, unfolding a singularity with nilponent linear part. The cusp case of codimension 3[J]. Ergodic Theor. Dyn. Syst, 1987, 3: 375-413.

[32] DIEUDONNÉ J. Foundations of modern analsis[M]. New York-London: Academic Press, 1969.

[33] DAS T, MUKHERJEE R N, CHAUDHARI K S. Bioeconomic harvesting of a prey-predator fishery[J]. J. Biol. Dyn., 2009, 3: 447-462.

[34] EPSTEIN I R, POJMAN J A. An introduction to nonlinear chemical dynamics[M]. Oxford: Oxford University Press, 1988.

[35] ERNEUX T, REISS E. Brusselator isolas[J]. SIAM J. Appl. Math., 1983, 43: 1240-1246.

[36] FARIA T. Stability and bifurcation for a delayed predator-prey model and the effect of diffusion[J]. Journal of Mathematical Analysis and Applications, 2001, 254: 433-463.

[37] GASULL A, KOOIJ R E, TORREGROSA J. Limit cycles in the Holling-Tanner model[J]. Publicacions Matematiques, 1997, 41: 149-167.

[38] GONZÁLEZ-OLIVARES E, MENA-LORCA J, ROJAS-PALMA A, et al. Dynamical complexities in the Leslie-Gower predator-prey model as consequences of the Allee effect on prey[J]. Applied Mathematical Modelling, 2011, 35: 366-381.

[39] GUO G H, WU J H, REN X H. Hopf bifurcation in general Brusselator system with diffusion[J]. Appl. Math. Mech, 2011, 32: 1177-1186.

[40] GUCKENHEIMER J, HOLMES P. Nonlinear oscillations, dynamical systems, and bifurcations of vector fields[M]. Springer Science & Business Media, 2013.

[41] GHERGU M. Non-constant steady states for Brusselator type systems[J]. Nonlinearity, 2008, 21: 2331-2345.

[42] GHERGU M, RADULESCU V. Turing pattern in general reaction-diffusion system of Brusselator type[J]. Commun. Contemp. Math., 2010, 12: 661-679.

[43] GHERGU M. Steady-state solutions for a general Brusselator system[J]. Adv. Appl., 2011, 216: 153-166.

[44] GRAY P, SCOTT S K. Autocatalytic reactions in the isothermal, continuous stirred tank reactor: Isolas and other forms of multistability[J]. Chem. Eng. Sci., 1983, 38: 29-43.

[45] GUPTA R P, BANERJEE M, CHANDRA P. Bifurcation analysis and control of Leslie-Gower predator-prey model with Michaelis-Menten type prey-

harvesting[J]. Differ. Equ. Dyn. Syst., 2012, 20: 339-366.

[46] GUPTA R P, CHANDRA P. Bifurcation analysis of modified Leslie-Gower predator-prey model with Michaelis-Menten type prey harvesting[J]. J. Math. Anal. Appl., 2013, 398: 278-295.

[47] GUPTA R P, Chandra P, BANERJEE M. Dynamical complexity of a prey-predator model with nonlinear harvesting[J]. Disc. Cont. Dyna. Sys. Ser. B., 2015, 20: 423-443.

[48] GARD T C. Persistence in food webs: Holling-type food chains[J]. Mathematical Biosciences, 1980, 49: 61-67.

[49] GUAN X N, WANG W M, CAI Y L. Spatiotemporal dynamics of a Leslie-Gower predator- prey model incorporating a prey refuge[J]. Nonlinear Analysis: Real World Applications, 2011, 12: 2385-2395.

[50] 高杏杏, 胡志兴, 廖福成. 一类扩散的食饵-捕食模型[J]. 陕西师范大学学报: 自然科学版, 2016, 3: 17-21.

[51] GONG Y J, HUANG J C. Bogdanove-Takens bifurcations in a Leslie-Gower predator-prey model with prey harvesting[J]. Acta Math. Apple. Sinica Eng. Ser., 2014, 30: 239-244.

[52] HOLLING C S. Resilience and stability of ecological systems[J]. Annual Review of Ecology and Systematics, 1973, 4: 1-23.

[53] HUANG J C, XIAO D M. Analyses of bifurcations and stability in a predator-prey system with Holling Type-IV functional response[J]. Acta Mathematicae Applicatae Sinica, 2004, 20: 167-178.

[54] HUANG J C, GONG Y J, RUAN S G. Bifurcation analysis in a predator-prey model with constant-yield predator harvesting[J]. Disc. Cont. Dyna. Sys. Ser. B., 2013, 18: 2101-2121.

[55] HUANG J C, GONG Y J, RUAN S G, et al. Bogdanov-Takens bifurcation of codimension 3 in a predator-prey model with constant-yield predator harvesting[J]. Communications on Pure and Applied Analysis, 2016, 15:

1041-1055.

[56] HSU S B, HUANG T W. Global stability for a class of predator-prey systems[J]. SIAM J. Appl. Math., 1995, 55: 763-783.

[57] HUANG Y J, CHEN F D, ZHONG L. Stability analysis of a prey-predator model with holling type III response function incorporating a prey refuge[J]. Applied Mathematics and Computation, 2006, 182: 672-683.

[58] IOOSS G, ADELMEYER M. Topics in bifurcation theory and applications [M]. Singapore, New Jersey, London: WorldScientific Publishing Co., 1992.

[59] IPSEN M, HYNNE F, SØRENSEN P G. Amplitude equations for reaction-diffusion systems with a Hopf bifurcation and slow real modes[J]. Phys. D.,2000, 13: 66-92.

[60] IVLEV V S. Experimental ecology of the feeding of fishes[M]. New Haven: Yale University Press, 1961.

[61] JOST C, ARINO O, ARDITI R. About deterministic extinction in ratio-dependent predator-prey model[J]. J. Comput. Bull. Math. Biol., 1999, 61: 19-32.

[62] KOROBEINIKOV A. A Lyapunov function for Leslie-Gower predator-prey models[J]. Applied Mathematics Letters, 2001, 14: 697-699.

[63] KARAOGLU E, MERDAN H. Hopf bifurcations of a ratio-dependent predator-prey model involving two discrete maturation time delays[J]. Chaos. Sol. Frac., 2014, 68: 159-168.

[64] KANG H. Dynamics of local map of a discrete Brusselator model: Eventually trapping regions and strange attractos[J]. Discrete Contin. Dyn. Syst., 2008, 20: 939-959.

[65] KEPPER P D, CASTETS V, DULOS E, et al. Turing-type chemical patterns in the chlorite-iodide-malonic acid reaction[J]. Physica D, 1991, 49: 161-169.

[66] KOOIJ R E, ZEGELING A. A predator-prey model with Ivlev's functional

response[J]. Journal of Mathematical Analysis and Applications, 1996, 198: 473-489.

[67] KRISHNA S V, SRINIVASU P D N, KAYMACKCALAN B. Conservation of an ecosystem through optimal taxation[J]. Bull. Math. Biol., 1998, 60: 569-584.

[68] KOLOKOLNIKOV T, ERNEUX T, WEI J. Mesa-type patterns in the one-dimensional Brusselator and their stability[J]. Phys. D., 2006, 214: 63-77.

[69] KO W, RYU K. Qualitative analysis of a predator-prey model with Holling type II functional response incorporating a prey refuge[J]. Journal of Differential Equations, 2006, 231: 534-550.

[70] KUANG Y, BERETTA E. Global qualitative analysis of a ratio-dependent predator-prey system[J]. Journal of Mathematical Biology, 1998, 36: 389-406.

[71] KUZNETSOV Y A. Elements of applied bifurcation theory [M]. 2nd ed. New York: Springer-Verlag, 1998.

[72] LOTKA A. Elements of mathematical biology[M]. New York: Dover, 1956.

[73] LEARD B, LEWIS C, REBAZA J. Dynamics of ratio-dependent predator-prey models with non-constant harvesting[J]. Disc. Cont. Dyna. Sys. Ser. S. 2008, 2: 303-315.

[74] LI B, WANG M X. Diffusion-driven instability and Hopf bifurcation in Brusselator system[J]. Appl. Math. Mech., 2008, 29: 825-832.

[75] LENGYEL I, EPSTEIN I R. Modeling of Turing structure in the chlorite-iodide-malonic acid-starch reaction system[J]. Science, 1991, 251: 650-652.

[76] LENGYEL I, EPSTEIN I R. A chemical approach to designing Turing patterns in reaction-diffusion system[J]. Proc. Natl. Acad. Sci. USA, 1992, 89: 3977-3979.

[77] LORCA J M, OLIVARES E G, YANEZ B G. The Leslie-Gower predator-

prey model with Allee effecton prey: a simple model with a rich and interesting dynamics[J]. Proceedings of the 2006 International Symposium on Mathematical and Computational Biology BIOMAT, 2007: 105-132.

[78] LAN K Q, ZHU C R. Phase portraits, Hopf bifurcations and limit cycles of the Holling-Tanner models for predator-prey interactions[J]. Nonlinear Analysis: Real World Applications, 2011, 12: 1961-1973.

[79] LAN K Q, ZHU C R. Phase portraits of predator-prey systems with harvesting rates[J]. Disc. Cont. Dyna. Sys., 2012, 32: 901-933.

[80] LENZINI P, REBAZA J. Non-constant predator harvesting on ratio-dependent predator-prey models[J]. Appl. Math. Sci., 2010, 4: 791-803.

[81] LINDSTROM T. Qualitative analysis of a predator-prey system with limit cycles[J]. J. Math. Biol. 1993, 31: 541-561.

[82] LI T, WANG Z A. Asymptotic nonlinear stability of traveling waves to con-servation laws arising from chemotaxis[J]. Differential Equations, 2011, 205: 1310-1333.

[83] LAMONTAGNE Y, COUTU C, ROUSSEAU C. Bifurcation analysis of a predator-prey system with generalized Holling type III functional response[J]. J. Dynam. Differential Equations., 2008, 20: 535-571.

[84] LI Y. Hopf bifurcations in general systems of Brusselator type[J]. Nonlinear Anal: RWA., 2016, 28: 32-47.

[85] LIANG Z Q, PAN H W. Qualitative analysis of a ratio-dependent Holling-Tanner modele[J]. Journal of Mathematical Analysis and Applications, 2007, 334: 954-964.

[86] MASON D. Adiffusion driven instability in systems that separate particles by velocity sedimentation[J]. Biophysical journal, 1976, 16: 407-416.

[87] MEIXNER M, WIT A D, BOSE S, et al. Generic spatiotemporal dynamics near codimension-two Turing-Hopf bifurcations[J]. Phys. Rev. E., 1997, 55: 6690-6697.

[88] MAY R, BEDDINGTON J R, CLARK C W, et al. Management of multispecies fisheries[J]. Science, 1979, 205: 267-277.

[89] MEI Z. Numerical bifurcation analysis for reaction-diffusion equations[M]. Berlin: Springer- Verlag, 2000.

[90] MA Z E, WANG W D. Asymptotic behavior of predator-prey system with time dependent coefficients[J]. Applicable Analysis: An International Journal, 1989, 34: 79-90.

[91] NINDJIN A F, AZIZ-ALAOUI M A, CADIVEl M. Analysis of a predator-prey model with modified Leslie-Gower and Holling-type II schemes with time delay[J]. Nonlinear Analysis: Real World Applications, 2006, 7: 1104-1118.

[92] PIELOU E C. Mathematical ecology[M]. 2nd ed. New York: John Wiley & Sons, 1977.

[93] PRIGOGINE I, LEFEVER R. Symmetry breaking instabilities in dissipative systems II [J]. J. Chem. Phys., 1968, 48: 1665-1700.

[94] PERKO L. Differential equations and dynamical systems[M]. 2nd ed. York: Springer-Verlag, 1996.

[95] PAL P J, SARWARDI S, SAHA T, et al. Mean square stability in a modified Leslie-Gower and holling-type II predator-prey model[J]. J. Appl. Math. Inform., 2011, 29: 781-802.

[96] PENG R, WANG M X. Pattern formation in the Brusselator system[J]. J. Math. Anal. Appl., 2005, 309: 151-166.

[97] PENG R, WANG M X. On steady-state solutions of the Brusselator-type system[J]. Nonlinear Anal: Theo. Meth.Appl., 2009, 71: 1389-1394.

[98] ROVINSKY A, MENZINGER M. Interaction of Turing and Hopf bifurcations in chemical systems[J]. Phys. Rev. A., 1998, 46: 6315-6322.

[99] RODRIGUES L A D, MISTRO D C, PETROVSKII S. Pattern formation, long-term transients, and the Turing-Hopf bifurcation in a space-and time-

discrete predator-prey system[J]. Bull. Math. Biol., 2011, 73: 1812-1840.

[100] RABINOWITZ P H. Some global results for nonlinear eigenvalue problems[J]. J. Funct. Anal., 1971, 7: 487-513.

[101] RUAN S G. Diffusion-driven instability in the Gierer-Meinhardt model of morphogenesis[J]. Nat. Resour. Model., 1998, 11: 131-142.

[102] RUAN S G, XIAO D M. Global analysis in a predator-prey system with nonmonotonic functional response[J]. SIAM Journal on Applied Mathematics, 2000, 61: 1445-1472.

[103] SHEN C X. Permanence and global attractivity of the food-chain system with Holling IV type functional response[J]. Applied Mathematics and Computation, 2007, 194: 179-185.

[104] SEL'KOV E E. Self-oscillations in glycolysis[J]. Eur. J. Biochem., 1968, 4: 79-86.

[105] SOTOMAYOR J. Generic bifurcations of dynamical systems[M]. New York: Academic Press, 1973.

[106] SCHNAKENBERG J. Simple chemical reaction system with limit cycle behaviour[J]. J. Theor. Biol., 1979, 81: 389-400.

[107] SONG Y L, ZOU X F. Spatiotemporal dynamics in a diffusive ratio-dependent predator-prey model near a Hopf-Turing bifurcation point[J]. Comput. Math. Appl., 2014, 67: 1978-1997.

[108] SONG Y L, ZHANG T H, PENG Y H. Turing-Hopf bifurcation in the reaction-diffusion equations and its applications[J]. Commun. Nonlinear Sci. Numer. Simul., 2016, 33: 229-258.

[109] TURING A M. The chemical basis of morphogenesis[J]. Phil. Trans. R. Soc. London Ser. B, 1952, 237: 37-72.

[110] TAKENS F. Normal forms for certain singularities of vector fields[J]. An. Inst. Fourier, 1973, 23: 163-195.

[111] TIMM U, OKUBO A. Diffusion-driven instability in a predator-prey

system with time-varying diffusivities[J]. J. Math. Biol., 1992, 30: 307-320.

[112] TANG X S, SONG Y L. Cross-diffusion induced spatiotemporal patterns in a predator-prey model with herd behavior[J]. Nonlinear Anal. RWA., 2015, 24: 36-49.

[113] TANG X S, SONG Y L, ZHANG T H. Turing-Hopf bifurcation analysis of a predator-prey model with herd behavior and cross-diffusion[J]. Nonlinear Dyn., 2016, 86: 73-89.

[114] VOLTERRA V, D'ANCONA U. La concorrenza vitale tra le specie dell'ambiente marino[J]. In: VIIe Congr. Int. acquicult et de pěche, 1931: 1-14.

[115] WANG W D, CHEN L S, LU Z Y. Global stability of a competition model with periodic coefficients and time delays[J]. Canad. Appl. Math. Quart., 1995: 365-378.

[116] WANG W D, CHEN L S. A predator-prey system with stage-structure for predator[J]. Computers & Mathematics with Applications, 1997, 33: 83-91.

[117] WANG W D, MA Z E. Permanence of a nonautomonous population model[J]. Acta Mathematicae Applicatae Sinica, 1998, 14: 86-95.

[118] 汪维刚, 史娟荣, 莫嘉琪. 捕食-被捕食微分方程种群模型的研究综述[J]. 武汉大学学报理学版, 2015, 6: 299-307.

[119] XIAO D M, RUAN S G. Bogdanov-Takens bifurcations in predator-prey systems with constant rate harvesting[J]. FieldsInst. Commun., 1999, 21: 493-506.

[120] XIAO D M, RUAN S G. Codimension two bifurcations in a predator-prey system with group defense[J]. International journal of bifurcation & chaos in applied sciences & engineering, 2001, 43: 268-290.

[121] XIAO D M, LI W X. Stability and bifurcation in a delayed ratio-dependent predator-prey system[J]. J. Roy. Soc. Arts., 2003, 46: 205-220.

[122] XIAO D M, JENNINGS L S. Bifurcations of a ratio-dependent predator-prey system with constant rate harvesting[J]. SIAM J. Appl. Math., 2005, 65: 737-753.

[123] XIAO D M, LI W X. Dynamics in a ratio-dependent predator-prey model with predator harvesting[J]. Journal of Mathematical Analysis and Applications, 2006, 324: 14-29.

[124] XIAO D M, ZHU H P. Multiple focus and Hopf bifurcations in a predator-prey system with nonmonotonic functional response[J]. SIAM Journal on Applied Mathematics, 2006, 66: 802-819.

[125] XU R, MA Z E. Stability and Hopf bifurcation in a ratio-dependent predator-prey system with stage structure[J]. Chaos, Solitons & Fractals, 2008, 38: 669-684.

[126] XIAO Y N, CHEN L S. A ratio-dependent predator-prey model with disease in the prey[J]. Applied Mathematics and Computation, 2002, 131: 397-414.

[127] YI F Q, WEI J J, SHI J P. Diffusion-driven instability and bifurcation in the Lengyel- Epstein system[J]. Nonlinear Anal: RWA., 2008, 9: 1038-1051.

[128] YOU Y. Global dynamics of the Brusselator equations[J]. Dyn. Partial Diff. Eqns., 2007, 4: 167-196.

[129] ZHU C R, LAN K Q. Phase portraits, Hopf bifurcations and limit cycles of Leslie-Gower predator-prey systems with harvesting rates[J]. Disc. Cont. Dyna. Sys. Ser. B., 2010, 14: 289-306.

[130] ZHEN J, HAN M A. The persistence in a Lotka-Volterra competition systems with impulsive[J]. Chaos. Sol. Frac., 2005, 24: 1105-1117.

[131] 张锦炎, 冯贝叶. 常微分方程几何理论与分支问题[M]. 北京: 北京大学出版社, 2000.

[132] DU Y H, SHI J P. A diffusive predator–prey model with a protection zone[J]. J. Differential Equations, 2006, 229: 63-91.

[133] HUTSON V, LOU Y, MISCHAIKOW K. Spatial heterogeneity of resources versus Lotk-Volterra dynamics[J]. J. Differential Equations, 2002, 185: 97-136.

[134] SONG Y, ZOU X. Spatiotemporal dynamics in a diffusive ratio-dependent predator-prey model near a hopf-turing bifurcation point[J]. Comput. Math. Appl., 2014, 67: 1978-1997.

[135] YI F Q, WEI J J, SHI J P. Bifurcation and spatiotemporal patterns in a homogeneous diffusive predator-prey system[J]. J. Differential Equations, 2009, 246: 1944-1977.

[136] AINSEBA B E, BENDAHMANE M, NOUSSAIR A. A reaction-diffusion system modeling predator-prey with prey-taxis[J]. Nonlinear Anal. RWA, 2008, 9: 2086-2105.

[137] HAUZY C, HULOT F D, GINS A, et al. Intra- and interspecific densitydependent dispersal in an aquatic prey-predator system[J]. J. Anim. Ecol., 2007, 76: 552-558.

[138] KAREIVA P, ODELL G. Swarms of predators exhibit preytaxis if individual predators use area-restricted search[J]. Am. Nat., 1987, 130: 233-270.

[139] LEE J M, HILLEN T, LEWIS M A. Pattern formation in prey-taxis systems[J]. J. Biol. Dyn., 2009, 3: 551-573.

[140] CHAKRABORTY A, SINGH M. Effect of prey-taxis on the periodicity of predator-prey dynamics[J]. Can. Appl. Math. Q., 2008, 16: 255-278.

[141] KELLER E F, SEGEL L A. Initiation of slime mold aggregation viewed as an instability[J]. J. Theoret. Biol., 1970, 26: 399-415.

[142] DUBEY B, DAS B, HUSSAIN J. A predator-prey interaction model with self and cross-diffusion[J]. Ecol. Model., 2001, 141: 67-76.

[143] JORN J. Negative ionic cross diffusion coefficients in electrolytic solutions

[J]. J. Theoret. Biol., 1975, 55: 529-532.

[144] AJRALDI V, PITTAVINO M, VENTURINO E. Modeling herd behavior in population systems[J]. Nonlinear Anal. RWA, 2011, 12: 2319-233.

[145] BRAZA P A. Predator-prey dynamics with square root functional responses [J]. Nonlinear Anal. RWA, 2012, 13: 1837-1843.

[146] HSU S B. On global stability of a predator-prey system[J]. Math. Biosci., 1978, 39: 1-10.

[147] HSU S B, SHI J. Relaxation oscillation profile of limit cycle in predator-prey system[J]. Discrete Contin. Dyn. Syst. Ser. B, 2009, 11: 893-911.

[148] KONG L, ZHU C R. Bogdanov-Takens bifurcations of codimension 2 and 3 in a Leslie-Gower predator-prey model with Michaelis-Menten type prey-harvesting[J]. Math. Meth. Appl. Sci., 2017, 40: 6715-6731.

[149] CHENG K S. Uniqueness of a limit cycle for a predator-prey system[J]. SIAM J. Math. Anal., 1981, 12: 541-548.

[150] ROSENZWEIG M L. Paradox of enrichment: destabilization of exploitation ecosystems in ecological time[J]. Science, 1971, 171: 385-387.

[151] DU Y H, SHI J P. Some recent results on diffusive predator-prey models in spatially heterogeneous environment[J]. Amer. Math. Soc, Providence, RI, 2006: 95-135.

[152] KO W, RYU K. Qualitative analysis of a predator-prey model with Holling type II functional response incorporating a prey refuge[J]. J. Differential Equations, 2006, 231: 534-550.

[153] TANG X, SONG Y. Bifurcation analysis and Turing instability in a diffusive predator-prey model with herd behavior and hyperbolic mortality [J]. Chaos Solitons Fractals, 2015, 81: 303-314.

[154] WANG J, SHI J, WEI J. Dynamics and pattern formation in a diffusive predator-prey system with strong Alleeeffect in prey[J]. J. Differential

Equations, 2011, 251: 1276-1304.

[155] TANG X, SONG Y. Stability, Hopf bifurcations and spatial patterns in a delayed diffusive predator-prey model with herd behavior[J]. Appl. Math. Comput., 2015, 254: 375-391.

[156] TANG X, SONG Y, ZHANG T. Turing-Hopf bifurcation analysis of a predator-prey model with herd behavior and cross-diffusion[J]. Nonlinear Dynam., 2016, 86: 73-89.

[157] WANG J, WEI J, SHI J. Global bifurcation analysis and pattern formation inhomogeneous diffusive predator-prey systems[J]. J. Differential Equations, 2016, 260: 3495-3523.

[158] WANG X, WANG W, ZHANG G. Global bifurcation of solutions for a predator-prey model with prey-taxis[J]. Math. Methods Appl. Sci., 2015, 38: 431-443.

[159] SONG Y, TANG X. Stability, steady-state bifurcations, and turing patterns in a predator-prey model with herd behavior and prey-taxis[J]. Stud. Appl. Math., 2017, 139: 371-404.

[160] JIN H Y, WANG Z A. Global stability of prey-taxis systems[J]. J. Differential Equations, 2017, 262: 1257-1290.

[161] WU S, SHI J, WU B. Global existence of solutions and uniform persistence of a diffusive predator-prey model with prey-taxis[J]. J. Differential Equations, 2016, 260: 5847-5874.

[162] DUNG L, SMITH H. Steady states of models of microbial growth and competition with chemotaxis[J]. J. Math. Anal. Appl., 1999, 229: 295-318.

[163] SHI J, WANG X. On global bifurcation for quasilinear elliptic systems on bounded domains[J]. J. Differential Equations, 2009, 7: 2788-2812.

[164] CRANDALL M G, RABINOWITZ P H. Bifurcation from simple eigenvalues[J]. J. Funct. Anal., 1971, 8: 321-340.

[165] CRANDALL M G, RABINOWITZ P H. Bifurcation, perturbation of simple eigenvalues and linearized stability[J]. Arch. Ration. Mech. Anal., 1973, 52: 161-180.

[166] SATTINGER D H. Stability of bifurcating solutions by Leray-Schauder degree[J]. Arch. Ration. Mech. Anal., 1971, 43: 154-166.